TRAITÉ

DES

RÉPARATIONS

(LOIS DU BATIMENT)

©

1746. — ABBEVILLE. — TYP. ET STÉR. GUSTAVE RETAUX

TRAITÉ

DES

RÉPARATIONS

(LOIS DU BATIMENT)

RÉPARATIONS LOCATIVES, GROS ENTRETIEN
RÉPARATIONS USUFRUITIÈRES, GROSSES RÉPARATIONS

PAR

A. LE BÈGUE

Architecte, Expert près les tribunaux, Membre de la Société Centrale des Architectes
Architecte honoraire de la Préfecture de police
Officier d'académie
Membre correspondant de la Société académique d'architecture de Lyon.

TROISIÈME ÉDITION
REVUE ET AUGMENTÉE

PARIS

LIBRAIRIE GÉNÉRALE DE L'ARCHITECTURE
ET DES TRAVAUX PUBLICS

DUCHER ET Cie
Éditeurs de la Société Centrale des Architectes
51, RUE DES ÉCOLES, 51

1881

Cette troisième édition n'apporte aucune modification aux principes exposés dans les premières ; nous nous sommes borné à revoir et à compléter.

Nous avons donné des numéros *bis* et des numéros *ter* aux articles nouveaux, pour qu'il y ait concordance entre les trois éditions.

TABLE DES MATIÈRES

PREMIÈRE PARTIE

Réparations locatives.

DEUXIÈME PARTIE

Réparations usufruitières.

Questions.

FIN DE LA TABLE DES MATIÈRES.

DIVISION DE L'OUVRAGE

———

Nous diviserons le présent Traité en deux parties.

Dans la première, nous traiterons du Gros entretien que doit le propriétaire dans les Maisons à loyer, et aussi du Menu entretien mis à la charge du locataire èt appelé, plus particulièrement, Réparations locatives ; nous insisterons sur ce point que ces derniers ouvrages comprennent, d'une part, la réparation des dégâts commis, et, d'autre part, un certain entretien locatif, sommairement indiqué dans la loi, et que nous nous sommes appliqué à définir.

Cette première partie de l'ouvrage comprendra aussi, dans l'ordre de la table des matières, l'étude de diverses difficultés pouvant résulter des rapports entre propriétaires et locataires.

Dans la seconde partie, nous nous occuperons des Réparations usufruitières et des Grosses Réparations.

2

TRAITÉ

DES

RÉPARATIONS

(LOIS DU BATIMENT)

I

DE L'ENTRETIEN DES ÉDIFICES EN GÉNÉRAL.

1. — Toute chose, tout édifice se détériore, soit par l'usage ou l'abus que l'on en fait, soit simplement par l'action du temps ou l'intempérie des saisons ; il se conserve plus ou moins selon le soin que l'on en prend.

2. — La possession d'un édifice implique donc l'obligation de faire des réparations pour parer aux dégradations qui compromettent son existence, ou l'empêchent de servir à sa destination, si son possesseur ne veut pas le laisser dépérir.

3. — Ces réparations, facultatives pour celui qui est seul maître de sa chose, deviennent obligatoires pour quiconque

a donné sa propriété à loyer, et pour celui aussi qui jouit de la propriété d'un autre à titre d'usufruitier.

4. — Pour les choses louées à des tiers, la loi distingue les réparations que doit le propriétaire de celles que supporte le locataire, en partant de ce principe que toute chose louée a droit aux soins de celui qui en a la jouissance.

5. — Lorsque le propriétaire ne possède que le fonds, et qu'un autre jouit des revenus à titre d'usufruitier, la loi indique sommairement les ouvrages qui doivent être supportés par l'un et par l'autre.

6. — Cette distinction des ouvrages et la question des réparations ont été discutées par les plus éminents jurisconsultes, dans des ouvrages de droit qui indiquent dans un sens général l'intention de la loi. D'autres se sont, il est vrai, occupés spécialement des lois du bâtiment; suivant nous, ils n'ont pas donné les explications pratiques que ces questions comportent, et ils attribuent souvent à des usages non constants ni reconnus ce qui résulte de la loi ou d'un principe de droit.

7. — En ce qui concerne les réparations locatives, on n'a pas mis jusqu'à présent en évidence cette distinction, qu'il est si utile de faire, entre la réparation des dégâts commis par le locataire et le menu entretien; c'est à quoi nous nous sommes appliqué, et nous pensons qu'il en résultera un grand éclaircissement dans des questions jusqu'ici confuses.

8. — Fremy de Ligneville constate cette confusion lors-

qu'il dit dans ses lois du bâtiment : « Chacun d'eux (proprié-
« taire et locataire) rejette volontiers le fardeau sur l'autre ;
« souvent l'un des deux cède à l'importunité de celui qui
« insiste le plus, ou bien il surgit une contestation judi-
« ciaire. »

9. — Les réparations que doit le locataire, une fois bien
déterminées, le gros entretien, mis par la loi à la charge du
bailleur, se précise et le partage des réparations devient
facile.

Qu'il nous soit permis de signaler ici l'insuffisance,
presque générale, des réparations qui se font aux immeubles
de rapport. On considère trop souvent sa propriété comme
un titre de rente dont on n'a à s'occuper que pour toucher les
revenus ; le concierge semble suffisant pour bien des choses ;
l'entretien est abandonné à des mains inhabiles ; la propriété
en souffre, sa valeur est dépréciée et, faute d'une surveillance expérimentée, les dégradations s'aggravent chaque jour.

PREMIÈRE PARTIE

RÉPARATIONS LOCATIVES

GROS ENTRETIEN

II

RÉPARATIONS LOCATIVES, DITES DE MENU ENTRETIEN. — GROS ENTRETIEN.

EXPLICATION DES ARTICLES 1754 ET 1755 DU CODE CIVIL.

10. — Dans toute propriété donnée à loyer, le propriétaire et le locataire concourent à l'entretien et à la conservation de la chose louée.

11. — Aux termes de l'article 1720 du Code civil, le bailleur doit faire, pendant la durée de la jouissance du preneur, toutes les réparations qui peuvent devenir nécessaires, autres que les locatives.

12. — Les réparations locatives mises à la charge du preneur et désignées sommairement à l'article 1754, comprennent le menu entretien et la réparation des menus dégâts commis par le locataire.

13. — Nous disons menu dégât, parce que les dégradations plus importantes, les changements faits à la chose louée n'appartiennent pas aux réparations locatives. Le préjudice qu'elles causent au propriétaire est régi par d'autres articles de la loi, qui ne sont pas, comme les réparations locatives, de la compétence des Juges de paix. (Voyez articles 1382, 1383 et 1384 du Code civil, ci-dessous rapportés, et aussi nos articles 71 et 72 : compétence du Juge de paix.)

En résumé, le propriétaire fait les grosses réparations et le gros entretien ; le locataire ne supporte, en outre de la réparation des dégâts qu'il commet, qu'un certain menu entretien locatif.

Par gros entretien, on entend tout ce qui n'appartient ni au menu entretien ni aux grosses réparations.

ARTICLE 1382.

Tout fait quelconque de l'homme, qui cause à autrui un dommage, oblige celui par la faute duquel il est arrivé à le réparer. (Voyez art. 1142, 1146, 1149, 1310, du Code civil.)

ARTICLE 1383.

Chacun est responsable du dommage qu'il a causé non-seulement par son fait, mais encore par sa négligence ou son imprudence. (Voy. 1146.)

ARTICLE 1384.

1er Paragraphe.

On est responsable non-seulement du dommage que l'on cause par son propre fait, mais encore de celui causé par le fait des personnes dont on doit répondre, ou des choses que l'on a sous sa garde.

Les trois articles ci-dessus ont donné lieu aux arrêts de la Cour de cassation dont les dates suivent :

11 et 19 juillet 1826 ; 3 mai 1827 ; 23 mai 1831 ; 17 juillet 1845 ; 28 février 1848. — Préjudice causé aux voisins par l'exploitation d'un établissement dangereux ou incommode.

27 novembre 1844 ; 20 février 1849. — *Idem* lorsque l'établissement n'est pas classé parmi les établissements dangereux et incommodes.

20 février 1846. — Préjudice causé au voisin, par le bruit résultant du travail d'un atelier.

16 novembre 1832. — Préjudice causé aux propriétaires de la surface par le concessionnaire d'une mine.

Autres, 3 février et 11 juin 1857 ; 4 janvier 1841 ; 20 juillet 1842.

14. — Quelques-unes des choses susceptibles de recevoir des réparations locatives ont été indiquées à l'article 1754 du Code civil, mais à titre d'exemples seulement ; nous croyons utile de reproduire ici les articles qui se rapportent le plus directement à ces sortes de réparations. (Voyez notre article 91.)

ARTICLE 1720.

Le bailleur est tenu de délivrer la chose en bon état de réparations de toute espèce.

Il doit y faire, pendant la durée du bail, toutes les réparations qui peuvent devenir nécessaires, autres que locatives. (Voyez 1719, 1731, 1741, 1754, du Code civil.)

ARTICLE 1754.

Les réparations locatives ou de menu entretien dont le locataire est tenu, s'il n'y a clause contraire, sont celles désignées comme telles par l'usage des lieux, et, entre autres, les réparations à faire :

Aux âtres, contre-cœurs, chambranles et tablettes des cheminées ;

Au récrépiment du bas des murailles des appartements et autres lieux d'habitation, à la hauteur d'un mètre ;

Aux pavés et carreaux des chambres, lorsqu'il y en a seulement quelques-uns de cassés ;

Aux vitres, à moins qu'elles ne soient cassées par la grêle, ou autres accidents extraordinaires ou de force majeure, dont le locataire ne peut être tenu ;

Aux portes, croisées, planches de cloisons ou de fermeture de boutiques, gonds, targettes et serrures. (Voyez 1159, 1720, 1730, 1731, 1732, 1754, 1755 et 2102 du Code civil.)

15. — Le premier projet du Code civil ne contenait pas les mots *entre autres* ; ils ont été ajoutés au premier paragraphe par cette considération qu'il était presque impossible de fixer tout ce qui était réparations locatives dans les divers lieux.

ARTICLE 1755.

Aucune des réparations réputées locatives n'est à la charge des locataires, quand elles ne sont occasionnées que par vétusté ou force majeure.

16. — C'est à tort que l'on prétend quelquefois que cet article 1755 du Code civil contredit et annule en majeure partie l'article 1754.

L'article 1755 se rapporte aux dégradations résultant de la vétusté ou de la force majeure, mais il ne peut s'appliquer aux menues réparations qui ont pour cause l'usage journalier que l'on fait de la chose, et qui, par leur peu d'importance, rentrent dans la condition des réparations locatives.

Pour bien faire comprendre le véritable sens qu'il convient de donner à l'article 1755, nous citerons un exemple qui, en même temps, contribuera à expliquer le troisième paragraphe de l'article 1754.

Exemple : une toute petite partie de carrelage, descellée, brisée, ou même usée par l'usage légitime que l'on en fait, est une réparation locative, en raison de son peu d'importance; mais si l'on constate que la dégradation résulte de la vétusté du plancher sur lequel repose le carrelage, ou du défaut de la construction, si elle est enfin le résultat d'une force majeure, ce n'est plus alors une réparation locative et c'est au propriétaire qu'il appartient de faire la réparation, en vertu de l'article 1755. (Voyez notre article 21, et aussi le mot Carrelage.)

17. — Le locataire est également affranchi lorsque les dégradations proviennent du vice de la matière ou d'un vice dans la construction. Exemple : le balancier d'une pompe se rompt parce qu'il y a un défaut dans le corps du fer, le locataire n'en est pas responsable, parce qu'il y a vice dans la matière.

Une cloison se trouve en porte-à-faux sur un plancher, son poids brise quelques carreaux de carrelage ; la réparation, quoique minime, n'est pas locative.

18. — On ne saurait trop s'appliquer à distinguer le menu entretien de la réparation des menus dégâts commis violemment, volontairement ou maladroitement par le locataire : remplacer des vitres cassées, remettre en place une serrure que l'on a supprimée, ce ne sont pas là des réparations de menu entretien, c'est simplement réparer un menu dégât compris dans la qualification de réparations locatives.

19. — Ce qui fait qu'il est difficile de distinguer le menu entretien que doit le locataire, du gros entretien que doit le propriétaire, c'est qu'il faut tout à la fois tenir compte :

1° Du droit qu'a le locataire d'user de la chose louée suivant la destination qui lui a été donnée par le bail (article 1728 du Code civil) ;

2° De l'article 1754, qui met à la charge du locataire les réparations locatives désignées comme telles par l'usage des lieux, et notamment le menu entretien de certains objets, alors même que le locataire n'en a pas abusé ;

3° De ce que le locataire doit toujours la réparation des dégâts commis par lui volontairement, maladroitement ou violemment, et de ce qu'il répond des dégradations ou des pertes qui ont eu lieu pendant sa jouissance (articles 1732 et 1735) ;

4° De l'article 1755, qui stipule qu'aucune des réparations réputées locatives n'est à la charge du locataire, quand elles ne sont occasionnées que par vétusté ou force majeure ; et que la situation se modifie, suivant qu'il y a, ou qu'il n'y a pas d'état de lieux ;

5° Enfin, de ce que l'équité veut que, pour de certaines choses, il soit tenu compte d'une situation qui n'est pas inscrite dans la loi, mais qui est conforme à la justice et à la raison ; je veux parler de la durée plus ou moins longue de l'occupation des lieux.

20. — L'article 1754 signale le remplacement des vitres cassées ; c'est une réparation de dégâts, et non un menu entretien ; les autres objets cités au dit article n'ont généralement trait qu'au menu entretien ; si le législateur a peu parlé de la réparation des dégâts, c'est qu'il a considéré que sur ce point il ne pouvait y avoir de doute.

21. — Nous ferons remarquer qu'il est dit au troisième paragraphe de l'article 1754, que le locataire doit la répara-

tion des pavés et carreaux des chambres, lorsqu'il y en a seulement quelques-uns de cassés. Cette stipulation serait dérisoire si elle s'appliquait aux carreaux ou aux pavés cassés violemment par le locataire ; car, pour ne rien devoir, il suffirait alors de briser le surplus du carrelage ou du pavage. Ce paragraphe doit donc s'interpréter comme il suit :

Si, par l'usage qu'on en fait, un pavage ou un carrelage se trouve, çà et là, atteint de dégradations partielles et minimes, elles incombent de droit au locataire, en raison de leur peu d'importance, et sans examiner s'il y a usure ou dégât ; mais lorsqu'un carrelage ou un pavage se trouve usé dans une partie notable de sa surface, la réparation est supportée par le propriétaire, parce que la vétusté est alors admise comme le veut l'article 1755.

22. — Le paragraphe du Code civil que nous venons de citer a été emprunté à Pothier, qui a dit :

« A l'égard des pavés et carreaux, lorsque tout un pavé
« est en mauvais état par vétusté, il est évident que la répa-
« ration de ce pavé n'est pas à la charge du locataire ; mais
« lorsque le pavé étant bon, il se trouve quelques pavés ou
« carreaux de manque, ou cassés ou ébranlés, la présomp-
« tion est que c'est la faute du locataire ou de ses gens, et il
« est tenu d'en remettre d'autres. »

23. — Les réparations locatives ou de menu entretien, mises à la charge du locataire, peuvent varier suivant l'usage des lieux (art. 1754) ; mais néanmoins tous les auteurs sont d'accord sur ce point, que par entretien locatif on doit entendre la réparation journalière de ce qui se dégrade par l'usage journalier, se touche à la main, se détériore plus ou

moins, suivant le soin que l'on en prend ; les auteurs de la loi n'ont pas voulu que le bailleur soit dérangé à chaque instant pour peu de chose.

Plus la chose appartient à la grosse construction, et moins elle est susceptible d'un entretien locatif ; plus elle est fragile, et plus le locataire est tenu d'en avoir soin.

24. — L'obligation de faire le menu entretien et de réparer les dégâts commis, le preneur la contracte par le seul fait de son contrat, et y est tacitement soumis. Personne n'est censé ignorer la loi.

Paillet, avocat, dans ses *Codes français*, définit ainsi qu'il suit les réparations locatives : « Par réparations locatives, « dit-il, on entend les réparations qui sont de plein droit à « la charge du locataire, et auxquelles ils sont assujettis, « même alors qu'il n'en est fait aucune mention dans les « baux. On ne peut pas étendre l'attribution dont il s'agit « (Justice de paix) aux réparations plus considérables, quand « bien même le fermier ou locataire en seraient chargés par « les baux. » (Arrêt conforme de la Cour de cassation, 25 juillet 1807.)

Le menu entretien, peu compris et peu accepté par les locataires, et aussi le gros entretien que la loi•met à la charge des propriétaires, seraient une source permanente de difficultés si l'on n'apportait pas de part et d'autre, dans ces sortes de questions, une grande modération et un sincère désir de conciliation ; sans quoi l'on aurait sans cesse de graves contestations pour des choses souvent sans valeur ; c'est ce qui fait dire à Troplong, lorsqu'il s'occupe des réparations locatives dans son *Traité du louage :* « En droit, il y a des « difficultés partout, même dans les bagatelles. »

III

MOTIFS POUR LESQUELS LE MENU ENTRETIEN A ÉTÉ MIS A LA CHARGE DU LOCATAIRE.

25. — Lepage, avocat, dans son *Nouveau Desgodets*, s'est plu à expliquer la nécessité dans laquelle on s'est trouvé de mettre à la charge du locataire, non-seulement la réparation des dégâts, mais encore le menu entretien ; il dit :

« Il arrivait souvent que le propriétaire prétendait que les « réparations étaient trop fréquentes, et que le locataire ou « fermier avait usé trop indiscrètement; de là est venu le « parti qu'on a pris de mettre à la charge du locataire ou « fermier, certaines menues réparations, sans examiner si « elles sont l'effet d'un usage modéré ou abusif. Par ce « moyen, on a tari la source d'une infinité de petites contesta-« tions, fondées sur des faits presque impossibles à vérifier.

« Telle est l'origine des réparations locatives ; elles sont « ainsi appelées, parce qu'elles sont supportées de plein « droit par les locataires ou fermiers, qui ont leur recours « contre leurs sous-locataires ou sous-fermiers. »

26. — Aux motifs donnés par Lepage nous ajouterons que, hors des villes, les fermes et les maisons étant sou-vent éloignées de la demeure des ouvriers de bâtiment, celui

qui occupe les lieux a bien plus de facilité, pour faire ou faire faire l'ouvrage, que le propriétaire, qui, la plupart du temps, n'habite pas là; d'ailleurs le législateur n'a pas voulu, nous le répétons, que le bailleur soit dérangé à chaque instant pour peu de chose.

27. — Sous l'ancienne législation, plusieurs jurisconsultes firent valoir des considérations analogues à celles exprimées par Lepage, et c'est en raison de leur justesse que les auteurs de notre Code ont maintenu, pour le preneur, l'obligation de faire ce menu entretien qualifié réparations locatives; s'ils eussent voulu que le locataire ne fît aucun entretien, ils eussent dit que le preneur doit simplement réparer les dégâts qu'il commet.

C'est à titre d'exemple seulement, comme nous l'avons dit, que l'article 1754 du Code civil cite divers objets qui tous entrent dans la composition des édifices. Chaque chose louée : bâtiments, ustensiles, objets mobiliers, terres, prés, vignes, etc., etc., ont droit à un entretien journalier et locatif. C'est lorsque cet entretien n'a pas eu lieu que le locataire, à fin de jouissance, est tenu d'exécuter toutes les réparations locatives qui n'ont pas été faites pendant la durée du bail. (Voyez nos articles 61 *bis* et 91.)

IV

RÉPARATIONS LOCATIVES, AVANT LA PROMUL-
GATION DU CODE CIVIL.

28. — La Coutume de Paris n'a rien dit des réparations locatives, et cependant, sous l'ancienne législation, elles étaient de droit commun dans les mêmes conditions qu'aujourd'hui. Aussi Pothier, Claude de Ferrière et beaucoup d'autres jurisconsultes, comme aussi Desgodets, se sont-ils occupés de la question longtemps avant l'existence du Code civil ; tous enseignent qu'un certain entretien, qui n'a rien de commun avec les dégâts commis, doit être fait par le locataire.

Antoine Desgodets, notre maître à tous (1), qui écrivait

(1) « Antoine Desgodets naquit à Paris en novembre 1653. Envoyé à Rome aux frais de l'État, avec les jeunes académiciens que le roi y entretenait, il fut pris par des corsaires et conduit en captivité à Alger. Il revint en France, se rembarqua pour Rome en 1676, par la protection de Colbert, et s'y livra à un travail opiniâtre ; il fut successivement contrôleur des bâtiments du roi et architecte du roi, de première classe. En 1682, il publia *les Édifices antiques de Rome*, et fut nommé en 1719, à la place de M. de Lahire, professeur d'architecture, à l'Académie royale d'architecture, où il fit ses cours jusqu'au jour de sa mort, arrivée subitement le 20 mars 1728. »

(DESGODETS-GOUPIL : *Lois des bâtiments.*)

Le *Dictionnaire historique* de Chaudon et Delandine nous fait savoir que l'on trouva parmi ses papiers plusieurs manuscrits : 1° Les lois du quatre-vingts ans avant la promulgation du Code civil, a aussi traité ce sujet, à l'occasion des articles 161 et 171 de la Coutume de Paris, qui se rapportent au gage que doit donner le locataire pour assurer l'exécution du bail (1).

Cet auteur, si compétent en cette matière, et sur lequel Pothier n'a pas craint de s'appuyer, n'a pas dit que les réparations locatives étaient simplement la réparation des dégâts commis par le locataire; il a, au contraire, enseigné que « c'est par une tradition d'usage que l'on distingue les réparations locatives des autres réparations ».

28 *bis*. — Le Droit romain stipule dans plusieurs lois que le locataire doit, à toute chose louée, les soins du père de famille le plus vigilant.

bâtiment publiées vingt ans après sa mort par les soins de Goupil; 2° Un traité des Ordres d'architecture; 3° *idem* de l'Ordre français; 4° *idem* des dômes; 5° *idem* de la Coupe des pierres; 6° Enfin un traité complet du Toisé des ouvrages de bâtiment. Ce dernier manuscrit est entre les mains d'un architecte de Paris.

La présente note a pour but d'honorer la mémoire de l'éminent architecte qui tient une si grande place dès que l'on s'occupe des lois du bâtiment.

(1) « On sait que la Coutume de Paris était plus qu'une Coutume « locale. Elle constitutait la législation générale de la France, en ce « sens, du moins, qu'il était reconnu en principe que la Coutume de « Paris formait le complément nécessaire de toutes les autres Coutumes « locales, et qu'elle étendait son autorité, à la différence des autres « Coutumes, partout où ne se trouvait pas une disposition législative « contraire. »   Teulet.

Nous ajouterons que la Coutume de Paris avait été adoptée par 718 villes et communes, et que 62 provinces ou villes avaient rédigé et sanctionné des Coutumes spéciales ou locales.

Nous extrayons des Institutes de Justinien, livre III, titre XXIV, *Du Louage*, le passage suivant :

Conductor omnia secundum legem conductionis facere debet ; et si quid in lege prætermissum fuerit, id ex bono et æquo debet præstare. Qui pro usu, aut vestimentorum aut argenti aut jumenti mercedem aut dedit aut promisit, ab eo custodia talis desideratur, qualis diligentissimus paterfamilias suis rebus exhibet.

Le locataire doit se conformer en tout à la loi du contrat ; et sur les points qui y auraient été omis, ses obligations se règlent par l'équité. Celui qui a donné ou promis un prix pour louage de vêtements, d'argenterie ou d'une bête de somme, doit apporter, dans la garde de la chose louée, les soins que le père de famille le plus attentif apporte à ses affaires.

Quam si præstiterit, et aliquo casu eam rem amiserit, de restituenda ea re non tenebitur.

S'il y a mis ce soin, et que par quelque accident il perde la chose, il n'est pas tenu de sa restitution. (Traduct. de M. Ortolan.)

Les articles 1728 et 1754 de notre Code français ont une certaine concordance avec le premier paragraphe de cette citation, et l'article 1755 n'est pas sans analogie avec le second paragraphe ; mais ne poussons pas plus loin le rapprochement. Il y avait chez les Romains des usages locaux qui ne sont pas parvenus jusqu'à nous et qui différaient, probablement, de notre droit actuel.

V

REPARATIONS LOCATIVES, LORS DE LA DISCUSSION DU CODE CIVIL.

29. — Lorsqu'en 1803, l'article 1754 du Code civil fut discuté au Conseil d'État, le conseiller Reynaud, qui pensait apparemment que la rédaction projetée ne parlait pas suffisamment de la réparation des dégâts, proposa de stipuler que le locataire devait être chargé de la réparation des parquets, s'ils venaient à être brisés; mais Treilhard lui répondit : « Ce n'est pas là une réparation locative; si une feuille du « parquet ou une partie du plancher est brisée par la faute « du locataire, il doit en indemniser le propriétaire, parce « qu'il a détérioré la chose d'autrui. (*Séance du 9 nivôse, an XII.* — Voyez les articles 1382, 1383 et 1384 du Code civil, rapportés ici, article 13.)

Au même moment, cette question des réparations locatives était examinée par le Tribunat, et le tribun Mouricaud disait dans son rapport : « Les réparations locatives sont « censées occasionnées par l'usage même de la chose, ou « par le défaut de soins de la part du locataire ou des per- « sonnes dont il est responsable. »

Enfin, c'est sur une observation de la Cour de Poitiers que l'on détermina la hauteur du récrépiment du bas des murailles, qui jusqu'alors n'avait pas été fixé. (V. notre art. 178.)

VI

LORSQUE LE BAILLEUR DÉLIVRE LES LIEUX.

30. — Aux termes de la loi, la première obligation du
bailleur est de délivrer la chose louée. (Article 1719 du Code
civil.)

Il doit la délivrer en bon état de réparations de toute
espèce, et non pas seulement dans l'état où elle a été
laissée par le dernier occupant, après exécution des réparations locatives.

En effet, le locataire qui quitte les lieux n'est pas chargé de
faire les réparations de toute espèce ; il exécute seulement
les réparations locatives qu'il eût dû faire journellement
pendant la durée de son occupation, tandis que le nouvel
occupant, en vertu de l'article 1720, a droit à des lieux en
bon état de réparations de toute espèce.

31. — Le locataire qui entre dans les lieux non en bon
état de toute espèce, et s'y installe sans réclamer aucune réparation, est censé avoir promis de les prendre en cet état. Il
fait alors constater les dégradations, soit par état de lieux, soit
par article explicatif inséré au bail, et conserve le droit de
demander le rétablissement des objets qui, déjà dégradés
lors de son entrée en jouissance, en arriveraient, par usure ou

vétusté, à ce point de détérioration qu'ils ne pourraient plus servir à leur destination. (Voyez notre article État de lieux.)

32. — Le preneur n'est pas présumé avoir renoncé à des lieux en bon état de réparations de toute espèce, parce qu'il a visité les lieux avant de conclure son marché ; car il n'a pu louer sans voir, et c'est au propriétaire qu'il appartient, s'il ne veut pas se conformer à la loi, de le stipuler dans un acte de location.

33. — Il y a de certaines obligations auxquelles le bailleur ne peut se soustraire, même par une clause de bail, l'arrêt de la Cour de cassation daté du 17 janvier 1863, et qui se résume ainsi qu'il suit, en consacre le principe.

« Est nulle, comme contraire à l'essence même du contrat
« de louage, la clause du bail d'une maison, aux termes de
« laquelle le locataire renonce à former pendant tout le cours
« du bail aucune réclamation en dommages-intérêts contre
« le bailleur, et à intenter contre lui une action quelconque
« devant quelques tribunaux ou Cours que ce soit, pour
« quelque cause que ce soit.

« Par suite, le locataire peut, nonobstant cette clause,
« former contre le bailleur une demande en résolution du
« bail, faute par celui-ci d'entretenir la chose louée en bon
« état d'habitation » (1). ·

(1) Cour de cassation (Chambre des Requêtes). — 17 janvier 1863. —
« Attendu qu'un contrat ne peut légalement exister s'il ne renferme les
obligations qui sont de son essence, et s'il n'en résulte un lien de droit
pour contraindre les contractants à les exécuter;
« Attendu qu'il est de l'essence du contrat de louage que le bailleur

Nota. — Pour clauses à insérer au bail, voyez nos articles 60 et suivants.

s'oblige à faire jouir le locataire de la chose louée, et à l'entretenir, pendant toute la durée du bail, en état de servir à l'usage auquel elle est destinée (art. 1709 et 1719) ;

« Attendu que ces engagements impliquent, pour le locataire, le droit d'actionner en justice le bailleur, s'il se refuse de les remplir volontairement ;

« Attendu que, par l'article 4 de la convention du 2 oct. 1859, il a été stipulé que le locataire renonce à former, pendant tout le cours du bail, aucune réclamation en dommages et intérêts envers le bailleur Cochen-Scali, et à intenter contre lui aucune action quelconque, devant quelques tribunaux ou cours que ce soit, pour quelque cause que ce puisse être.

« Attendu que cette clause insolite n'est pas seulement modificatrice ou restrictive des obligations imposées par la loi au locataire, mais qu'elle l'affranchit de tout engagement, de toute responsabilité, même pour la responsabilité de ses faits personnels ;

« Qu'une semblable stipulation étant en opposition manifeste avec les règles essentielles du contrat de louage, et même avec le principe de tout contrat, c'est avec juste raison que l'arrêt attaqué en a prononcé la nullité. »

VII

PENDANT LA DURÉE DU BAIL.

34. — Le preneur doit entretenir les lieux en bon état de réparations locatives, pendant toute la durée du bail. Il est, en outre, tenu de deux obligations principales : 1º d'user de la chose louée en bon père de famille, et suivant la destination qui lui a été donnée par le bail, ou suivant celle présumée d'après les circonstances, à défaut de convention ; 2º de payer le prix du bail aux termes convenus (art. 1728 du Code civil) (1).

Le bailleur doit entretenir la chose en état de servir à l'usage pour lequel elle a été louée (art. 1719 du Code civil), et y faire pendant la durée du bail, s'il n'y a clause contraire, toutes les réparations qui peuvent devenir nécessaires, autres que les locatives (art. 1720) ; ainsi, une cour pavée est louée pour roulage, c'est au propriétaire qu'il appartient de faire au pavage la réparation des dégradations résultant d'un roulage, s'il n'y a clause contraire et sauf le menu entretien que doit le locataire, et qui consiste en réparations journalières

(1) Un arrêt rendu par la Cour de cassation sur cet article 1728, stipule que la contribution des portes et fenêtres est de droit à la charge du locataire (26 octobre 1844).

et partielles, comme, par exemple, la repose de quelques pavés descellés, et même brisés çà et là.

35. — Le bailleur doit maintenir le locataire clos et couvert, par l'application des articles 1719 et 1720, conformément à l'usage. (Voyez nos articles 95 et 99.)

36. — Le preneur, tenu de faire le menu entretien, comme il a déjà été dit, devient le gardien des objets qui composent les lieux. Il est responsable des dégradations ou des pertes qui arrivent pendant sa jouissance, à moins qu'il ne prouve qu'elles ont eu lieu sans sa faute. (Art. 1732 du Code civil) (1).

« Les réparations locatives peuvent être exigées, savoir :

« Celles urgentes, pendant la jouissance ;

« Celles qui peuvent être différées, à la fin du bail. »

*(Manuel de la Société centrale des Architectes. — I*ʳᵉ *édition.)*

Exemple : Un carreau de fenêtre est cassé, la pluie pénètre à l'intérieur ; le propriétaire est en droit d'exiger immédiatement le rétablissement de la vitre ; mais si le carreau cassé dépend d'une cloison intérieure, le propriétaire ne peut exiger son rétablissement que lorsque le locataire quitte les lieux.

(1) Nous avons sous les yeux une traduction du Corps de droit Frédéric, 1752 (Code de Prusse), où se trouve l'article suivant : « Celui « qui a l'habitation étant obligé de rendre la maison dans l'état où il « l'a reçue, il s'ensuit qu'il est tenu de la conserver en bon état, et de « l'entretenir à ses frais ; de réparer les fenêtres, les toits, les four- « neaux etc. ; lequel entretien s'étend aux jardins et aux cabinets qui « y sont. » (Par cabinet, le traducteur a probablement entendu parler des kiosques et berceaux.)

37, — Le preneur peut, de son côté, pendant toute la du=
rée du bail, exiger du propriétaire les réparations mises à
sa charge par les articles 1719, 1720 et 1755 du Code civil.
Exemple : Un foyer de cheminée se brise sous le poids de la
cheminée ; il désaffleure le parquet, il est hors de service ; le
locataire est fondé à exiger le remplacement du foyer.

Nous ferons remarquer ici, que dès qu'une réparation
d'entretien cesse d'être locative, elle passe au gros entretien
que doit le propriétaire ; c'est un point très-important dont
on ne se rend pas suffisamment compte.

38. — Le locataire doit user de la chose louée en bon père
de famille, et suivant la destination qui lui a été donnée par le
bail (articles 1728 et 1729 du Code civil), sinon il est responsable de l'abus qu'il en a fait, et le bailleur peut, suivant
les circonstances, faire résilier le bail.

Ne pas user en bon père de famille, c'est mal tenir la chose
louée ; c'est, en ce qui concerne les réparations, n'y pas
faire l'entretien locatif dont elle a besoin, et dont l'absence
peut nuire à la propriété ; c'est y commettre des dégâts d'une
certaine importance.

Ne pas en user suivant la destination qui lui a été donnée
par le bail, ou suivant celle présumée d'après les circonstances, c'est la faire servir à un usage auquel elle n'est pas
destinée. Exemple : Un locataire met un cheval dans un local
carrelé qualifié magasin ; le carrelage se brise, les urines s'y
infiltrent ou se répandent en dehors ; il y a là un abus de
jouissance que le propriétaire a toujours le droit de faire cesser. (Voyez notre article 43.)

39. — L'article 1729 du Code civil ne s'oppose pas à ce que le locataire fasse des changements de peu d'importance, comme de simples cloisons en menuiserie ; mais il faut que le déplacement de ces objets ne dégrade pas la grosse construction. A la fin de sa jouissance le locataire doit, dans tous les cas, rétablir les lieux dans leur état primitif.

40. — Dans les maisons louées en totalité, pour être sous-louées à plusieurs autres, le locataire principal devient responsable de l'entretien locatif à opérer dans les endroits d'un usage commun : escaliers, couloirs, portes cochères, etc., tandis que, dans les maisons à locations partielles, c'est le propriétaire qui fait le menu entretien dans ces diverses localités. Je sais bien que ce n'est pas l'avis de Pothier, qui considère que les réparations locatives à faire dans les localités d'un usage commun doivent être partagées entre les occupants ; mais sur ce point il est resté seul de son avis : Merlin, Troplong, Lepage et autres le critiquent et sont de l'avis exprimé plus haut.

Il est bien entendu que s'il s'agit d'un dégât et que son auteur soit connu, c'est lui qui en est responsable.

41. — Le locataire qui a déclaré bien connaître les lieux loués, dont un état a été dressé contradictoirement, et les prendre tels qu'ils « se poursuivent et comportent, n'est « plus recevable, du moins après une longue exécution du « bail, à demander au bailleur des travaux d'appropriation « dont la nécessité existait au moment du contrat. » Arrêt de Cour d'appel confirmé par la Cour de cassation, 27 janvier 1858. (Voyez notre article 31.)

VIII

LORSQUE LE PRENEUR REND LES LIEUX.

42. — La chose louée se rend dans les conditions indiquées aux articles 1730 et 1731 du Code civil, suivant qu'il y a, ou qu'il n'y a pas d'état de lieux.

42 *bis*. — Aux termes de l'article 1737 du Code civil, le bail cesse de plein droit à l'expiration du terme fixé, lorsqu'il a été fait par écrit, sans qu'il soit nécessaire de donner congé.

Au jour et à l'heure où expire la jouissance du locataire, celui-ci doit rendre les lieux, toute réparation achevée. C'est donc à lui qu'il appartient de se mettre, à l'avance, d'accord avec le bailleur sur la question des réparations locatives, car ce dernier ne peut se présenter pour recevoir les localités qu'au moment où la location expire; ce moment une fois passé, le locataire est sans droits pour installer des ouvriers dans son ancien local, et la situation peut se compliquer par la présence du locataire nouveau, qui est fondé à réclamer une indemnité si on le trouble dans sa jouissance. (Voyez Délai accordé par l'usage, Chapitre xiii.)

43. — Un locataire ne peut imposer au propriétaire les changements dont il est l'auteur, sous prétexte que ce qu'il

a fait est préférable à ce qui existait ; le principe dominant, c'est qu'il doit rendre les lieux tels qu'il les a pris ; ainsi, par exemple, un locataire a converti une remise pavée en chambre à coucher parquetée, le propriétaire est fondé à exiger le rétablissement de la remise pavée, parce que la destination des lieux a été changée ; cependant si une pièce carrelée, louée pour chambre à coucher, a été pourvue d'un parquet par le locataire, je prétends que le propriétaire n'obtiendrait pas, en justice, le rétablissement d'un carrelage à la place du parquet parce qu'il n'a aucun intérêt à ce que ce changement soit fait (1).

43 *bis*. — Nous venons de dire que le bailleur ne peut se présenter pour recevoir les lieux qu'au moment où expire la location. Toutefois, nous pensons qu'il y a des circonstances particulières où le propriétaire pourrait se faire autoriser en justice à prendre les mesures nécessaires pour obtenir le rétablissement des lieux, ou le règlement des comptes, avant l'expiration des délais d'usage. Nous avons vu des baux où des bailleurs prévoyants avaient stipulé que le local serait visité par les architectes des parties, sans attendre l'expiration des conventions.

Est-il besoin d'ajouter que toute réparation doit être reçue par le bailleur, et qu'au cas où des portes, cheminées, glaces,

(1) Avant de déménager, le locataire doit justifier du solde des contributions personnelles, mobilières et de patente de l'année entière.

En ce qui concerne l'impôt des portes et fenêtres, le propriétaire en fait l'avance et se rembourse en l'ajoutant à ses quittances, cet impôt a été réglé et mis à la charge des preneurs par les lois du 4 frimaire an IV et du 21 avril 1832, modifiées pour Paris et Lyon par les lois de finance du 17 mars 1852 (art. 10) et du 17 juin 1864 (art. 17). Arrêt de la Cour de cassation conforme, 26 octobre 1814.

etc. etc., auraient été enlévées, il serait fondé à exercer la plus
sérieuse surveillance sur tout ce qui serait fait, fourni ou ré-
paré. Ce n'est que lorsque toutes les réparations sont ac-
ceptées que la remise des clefs peut être faite d'une manière
régulière. (Voyez le chapitre suivant.)

Un arrêt de la Cour de cassation, daté du 1er août 1859,
stipule qu'en rendant les lieux, le locataire d'un établissement industriel n'a pas droit à la plus-value de ce matériel,
résultant de fluctuations de valeur, indépendante de son fait.

IX

PRIVILÈGE DU BAILLEUR SUR LES MEUBLES DU PRENEUR, EN FAVEUR DES RÉPARATIONS LOCATIVES.

44. — Le législateur a placé les réparations locatives au nombre des obligations pour lesquelles un privilège est accordé au propriétaire, de telle sorte que les meubles qui garnissent les lieux loués en restent la garantie. L'article 2102 du Code civil est formel sur ce point. Un locataire ne peut donc être affranchi de ses réparations parce que les clefs ont été remises au concierge, ou bien encore parce que le propriétaire n'a pas retenu ses meubles ni fait de réserves sur sa quittance ; une condition essentielle de la loi ne peut s'éluder de la sorte ; on n'est déchargé des réparations locatives que lorsque l'on y a satisfait, sinon le propriétaire est fondé à poursuivre son locataire là où il le retrouve.

45. — Avant la promulgation du Code civil, le privilège sur les meubles existait déjà en faveur du propriétaire. Claude de Ferrière et tous les anciens auteurs enseignent « que la préférence du propriétaire n'a pas lieu seulement « pour les loyers, mais aussi pour les réparations loca- « tives ».

46. — Les matériaux provenant de la démolition d'un édifice sont meubles, aux termes de l'article 532 du Code civil ; si donc ils proviennent d'une construction érigée sur le terrain d'autrui, ils restent la garantie du prix du bail et aussi des réparations locatives à faire pour remettre l'emplacement loué dans l'état où il a été livré. (Voyez notre article 153, dernier paragraphe.)

X

SI LA CHOSE LOUÉE EST DÉTRUITE EN TOTALITÉ OU EN PARTIE PENDANT LA DURÉE DU BAIL.

ARTICLE 1722 DU CODE CIVIL.

47. — Si pendant le cours du bail, la chose louée est détruite en totalité par cas fortuit, le bail est résilié de plein droit; si elle n'est détruite qu'en partie, le preneur peut, suivant les circonstances, demander une diminution de prix, ou la résiliation même du bail. Dans l'un et l'autre cas, il n'y a lieu à aucun dédommagement. (1302 et 1724 du Code civil.)

Cet article, infiniment précis, ne touche qu'indirectement à la question des réparations ; toutefois, il met en évidence cette stipulation de la loi, qu'un locataire ne peut prétendre à aucun dédommagement lorsqu'il y a cas fortuit, autrement dit cas imprévu ou dû au hasard.

ARTICLE 1741 DU CODE CIVIL.

Le contrat de louage se résout par la perte de la chose louée, et par le défaut respectif du bailleur et du preneur de remplir leurs engagements.

IX

RÉPARATIONS URGENTES PENDANT LA DURÉE DU BAIL.

ARTICLE 1724.

48. — Si, durant le bail, la chose louée a besoin de réparations urgentes et qui ne puissent être différées jusqu'à sa fin, le preneur doit les souffrir, quelque incommodité qu'elles lui causent, et quoiqu'il soit privé, pendant qu'elles se font, d'une partie de la chose louée.

Mais si ces réparations durent plus de quarante jours, le prix du bail sera diminué à proportion du temps et de la partie de la chose louée dont il aura été privé. Si les réparations sont de telle nature qu'elles rendent inhabitable ce qui est nécessaire au logement du preneur et de sa famille, celui-ci pourra faire résilier le bail. (148, 1720, 1722, du Code civil.)

Dans ce Traité des Réparations, il ne nous appartient pas de développer un article aussi important et dont les conséquences varient en raison des circonstances ; toutefois nous ferons remarquer que si l'urgence n'existe pas, si les réparations peuvent être différées, le locataire est fondé, en principe, à s'opposer à leur exécution pendant toute la durée de son bail.

Lorsque le locataire n'a pas de bail, le bailleur doit attendre l'expiration des délais d'un congé régulier. S'il y a péril en la demeure, et si cela est possible, il consolide provisoirement à l'aide d'étais.

L'article 1719 est aussi un obstacle à l'exécution de tous ouvrages qui ne seraient pas urgents et indispensables, puisqu'il stipule que le bailleur est tenu de faire jouir paisiblement le preneur pendant toute la durée de son bail.

49. — Cette jurisprudence se modifie lorsqu'il s'agit d'un mur mitoyen, et qu'un voisin en exige la reconstruction totale ou partielle, parce qu'il y a là une situation qui ne dépend pas du bailleur et qui est la conséquence de la contiguïté ; il a été en effet, plusieurs fois jugé que le locataire ne se trouvant pas dans la même situation que le propriétaire, est fondé à formuler directement contre son bailleur une demande en indemnité. Elle se modifie encore suivant que le mur est reconstruit pour les besoins des deux propriétaires, ou du voisin seulement. Certains arrêts veulent que, lorsque les quarante jours de la loi sont excédés, l'indemnité parte du jour où les travaux ont été commencés; d'autres n'accordent de dédommagement qu'après les quarante jours.

50. — On introduit souvent dans les baux cette clause que le locataire devra souffrir les grosses réparations que le propriétaire jugera utile de faire, quelle que soit leur durée ; il me semble toutefois certain que, malgré cette stipulation, il peut être pris des mesures en justice pour que les travaux ne s'éternisent pas. (Voyez notre article 33.)

XII

INTERDICTION POUR LE BAILLEUR DE FAIRE DES CHANGEMENTS PENDANT LA DURÉE DU BAIL.

51. — Le bailleur ne peut, pendant la durée du bail, changer la forme de la chose louée (article 1723), quand bien même ce qu'il ferait serait mieux que ce qui existait. Il ne peut non plus ériger aucune construction ni faire aucun changement qui serait une cause de gêne ou de trouble pour le locataire ; ainsi, par exemple, la masse d'air et de jour ne peut jamais être diminuée par le fait du bailleur.

Pothier s'exprime ainsi sur ce point :

« Si le propriétaire entreprend d'ouvrir une fenêtre pre-
« nant vue sur la maison louée, s'il y fait établir un égout
« d'eau, c'est un trouble qu'il apporte à la jouissance du lo-
« cataire. »

De son côté, Troplong dit, en son article 186 du *Contrat du louage* :

« Le bailleur ne peut pas apporter de trouble à la jouis-
« sance du preneur ; en conséquence, il ne peut grever la
« partie louée de servitudes, de vues, d'égouts, de passages
« qui n'existaient pas avant le bail, et qui seraient une cause
« incessante d'incommodités s'il obstruait des fenêtres qui
« donnaient au locataire du jour ou de la vue ; c'est troubler

« la possession du preneur que de la rendre moins com-
« mode. »

52. — Le même principe s'applique aux choses d'un usage commun. Le propriétaire ne peut diminuer un passage d'entrée, ni rétrécir un escalier, ni remplacer une porte cochère par une porte bâtarde, sans le consentement des locataires, par application des articles 1719, 1720 et 1723 du Code civil (1).

(1) Le preneur, en vertu du dernier paragraphe de l'article 1719, peut exercer une action contre le bailleur, lorsque par le fait d'un voisin il éprouve un trouble sensible dans sa jouissance. La Cour de cassation par les arrêts des 11 et 19 juillet 1826, 3 mai 1827, 23 mai 1831, 17 juillet 1845 et 28 février 1848 a jugé que : L'autorisation d'un établissement insalubre, dangereux ou incommode, accordée par l'administration, ne fait pas obstacle à ce que les voisins puissent réclamer à leur bailleur, devant les tribunaux, des dommages et intérêts pour le préjudice que leur cause l'exploitation de l'établissement.

Nous ajouterons que ces autorisations sont délivrées par l'administration sous la réserve du droit des tiers.

XIII

DÉLAI ACCORDÉ PAR L'USAGE POUR VIDER LES LIEUX ET FAIRE LES RÉPARATIONS LOCATIVES.

53. — A Paris, et dans beaucoup de nos anciennes provinces, l'usage accorde un délai de grâce au locataire pour vider les lieux et faire ses réparations locatives; ce délai est à Paris de huit ou quinze jours, suivant l'importance de la location, de sorte que l'on ne rend les lieux que le huit ou le quinze du mois, à midi, alors que, suivant les conventions écrites, la jouissance est régulièrement expirée le premier, à midi. Ce délai n'est pas partout le même : ainsi la Coutume de Lorraine le fixe à quinze jours, celle de Melun à huit jours, etc.; la coutume de Paris n'en dit rien.

Troplong, dans son *Traité du louage*, explique que ces délais, tels que nous les observons encore à Paris, ont été déterminés par un acte de notoriété du Châtelet qui en a consacré l'usage; néanmoins il exprime cette opinion, qu'en droit strict ils ne sont pas dus. Mais on sait, qu'en plus d'un cas, l'usage constant et reconnu est plus fort que le droit strict.

54. — Par une singulière contradiction, l'usage n'accorde aucun délai à Paris lorsque, par suite de conventions entre les parties, la location prend fin au demi-terme, dont l'échéance se trouve toujours au milieu d'un terme, c'est-à-dire le quinze.

55. — Le délai de quinze jours a lieu pour les locations d'une valeur excédant quatre cents francs, pour les maisons louées en totalité, pour les boutiques, quelque soit leur prix, et toutes les fois enfin que la location, par sa nature, exige que le congé soit donné trois mois à l'avance; il n'est que de huit jours pour les locations de quatre cents francs et au-dessous, et pour toute location que l'on peut faire cesser en donnant congé six semaines à l'avance.

Ces délais ont pris naissance dans la nécessité où l'on s'est trouvé de laisser au fermier le temps d'achever l'enlèvement de ses récoltes, et de réparer certaines dégradations qui ne se découvrent qu'après le déplacement du matériel. L'occupant cesse d'être locataire, mais il profite d'un délai de grâce.

On remarquera que le Code civil ne fait aucune allusion à cet usage. Toutefois, à l'article 1773, il prescrit de se con-former à l'usage des lieux.

56. — L'usage dont nous parlons ici, tant qu'il s'est ap-pliqué aux biens ruraux (voyez article 1777 du Code civil) qui occupent de grands espaces, et où il est possible de faire tra-vailler sans trop gêner celui qui reprend le bail, n'a pas pré-senté d'inconvénients et a eu sa raison d'être; mais il est sans utilité dans les villes où les locataires déménagent tou-jours au dernier moment; ce qui était une faveur est devenu un usage constant et reconnu, et celui qui en profite ne se doute pas que ce n'est qu'une facilité qui lui est accordée pour déménager et faire les réparations qu'il doit.

57. — On remarquera que le délai qui, à Paris, est tantôt de huit jours, tantôt de quinze jours, met le locataire qui, pour la première fois, excède le prix de quatre cents francs,

dans le cas de rester huit jours sans domicile. En effet, il quitte son petit local le huit du mois et n'entre dans l'autre que le quinze ; c'est donc un usage regrettable, et notre avis est qu'un locataire, auquel le bailleur ne réclame rien, ou qui a terminé ses réparations et qui est entièrement déménagé, n'est pas fondé à garder les clefs jusqu'à l'expiration du délai de grâce.

Réciproquement, le bailleur qui, suivant l'usage, a fait commencer la jouissance le premier du mois, devrait être tenu de délivrer les lieux le dit jour, si aucun locataire n'y a droit, et s'il n'a pas de travaux à y faire.

C'est parce que les motifs qui ont donné lieu au délai de grâce sont tombés dans l'oubli que l'usage s'est introduit de ne payer le loyer qu'au jour où il expire et non à la date inscrite au bail.

Les lois, les usages, la jurisprudence, sont perfectibles. On peut donc espérer que ce délai ne sera un jour considéré que comme une simple tolérance susceptible de se modifier suivant les circonstances.

XIV

RÉPARATIONS LOCATIVES CONVERTIES EN INDEMNITÉS.

58. — Il ne faut pas se le dissimuler, l'exécution en nature des réparations dites locatives, présente souvent de grandes difficultés ; c'est pour cela que, quand bien même celui qui les doit serait en mesure de les exécuter avant l'expiration du délai de grâce, les deux parties ont un intérêt réel à les convertir en indemnités, car, d'un côté, les travaux faits par le locataire ne profitent le plus souvent que fort peu au bailleur, et d'un autre côté, il est rare que le locataire les fasse assez largement pour être certain que le propriétaire les acceptera, et que toute contestation sur ce point sera évitée.

Le système de l'indemnité est d'autant plus convenable qu'il est admis que certaines réparations ne peuvent être faites en nature, et qu'elles doivent, dans tous les cas, s'estimer en argent.

Exemple : un locataire a placé des tapis ; les clous qui les fixaient ont laissé des traces dans le parquet ; on ne saurait de ce chef exiger le remplacement de toutes les frises dégradées ; c'est le cas d'une indemnité, dite de dépréciation, pour compenser le préjudice causé au propriétaire.

L'indemnité appliquée à toutes les réparations locatives

en général, ne pouvant résulter que d'un accord entre les parties, le locataire doit obtenir cet arrangement, avant l'expiration de sa jouissance, et lorsqu'il est certain d'avoir encore le temps de faire des réparations recevables s'il n'arrive pas à transaction.

59. — Lorsque la question de réparation locative est soumise au Juge de paix par le bailleur, celui-ci est tenu de totaliser sa réclamation, et le jugement ne détermine généralement qu'un chiffre. Ce jugement n'est le plus souvent rendu qu'après l'expiration du délai de grâce, et le bailleur, s'il n'a pas été régulièrement autorisé à mettre à temps les ouvriers à l'œuvre, peut alors prétendre que la non-exécution des réparations dans le délai voulu lui cause un préjudice motivant des dommages et intérêts ; c'est là une situation que le preneur doit éviter.

Celui qui quitte les lieux rend généralement la conclusion plus facile lorsque, avant toute réunion, il lui est possible d'exécuter certains ouvrages qu'il peut, en majeure partie, faire sans appeler d'ouvriers : rétablissement des clefs sur toutes les portes, remplacement des vitres cassées, nettoyage des glaces, des vitres, des cuvettes, des fourneaux et âtres, enfin époussetage général, nettoyage des parquets et carrelages, enlèvement des cendres et des ordures.

Lorsque les réparations locatives ont été converties en indemnité, le bailleur se trouve, par le fait, chargé d'exécuter les réparations que le locataire ne fait pas ; il peut alors, en certaines circonstances, réclamer à son locataire les honoraires de l'architecte qui conduira les travaux.

Toutefois, à l'occasion d'honoraires d'architecte à faire payer par un adversaire, nous devons parler ici d'un jugement de la troisième Chambre du tribunal civil de la Seine, en date du 23 décembre 1873, rapporté par Masselin dans son *Traité des Honoraires*, et d'où il résulte :

1° Que l'acquéreur de la mitoyenneté d'un mur, ne devant aux termes de la loi, rembourser que la moitié de la valeur du mur au jour de la prise de possession, les honoraires de l'architecte qui a construit ce mur, ne doivent pas nécessairement entrer dans le calcul de sa valeur;

2° Que les honoraires de vérification d'un compte de mitoyenneté, ne doivent être compris, dans le compte de mitoyenneté, que s'ils sont le résultat d'une expertise ordonnée par justice.

N'y a-t-il pas une certaine analogie entre les honoraires d'architectes, réclamés pour travaux de mitoyenneté de mur, et les honoraires d'architectes, réclamés pour travaux de réparation locative ?

XV

LORSQUE LE PRENEUR EXIGE PAR BAIL D'AUTRES RÉPARATIONS QUE CELLES LOCATIVES. — BAIL A FERME

60. — C'est notamment lorsqu'on donne à bail un corps de logis entier, que l'on met à la charge du preneur certains ouvrages de gros entretien; ainsi l'on stipule, le plus souvent, que le preneur aura à sa charge les réparations d'entretien généralement quelconques; quelquefois même les réparations usufruitières.

Ces conditions, lorsqu'elles sont inscrites au bail, mettent le bailleur dans la nécessité de faire, en livrant les lieux, certaines réparations qu'il eût pu ajourner. En effet, l'obligation pour le locataire de rendre les lieux dans un certain bon état, implique pour le propriétaire la nécessité de délivrer les lieux loués dans ce même bon état.

Exemple : aux termes de son bail, un locataire principal est tenu d'entretenir la toiture et de la rendre en bon état d'entretien; le bailleur, dès lors, est tenu de mettre la totalité de la couverture en bon état d'entretien avant de la livrer. Il en est de même des fosses d'aisances et puisards qu'il faut faire nettoyer si le locataire est tenu de leur vidange.

Je sais bien qu'après avoir imposé au preneur toutes ces

réparations, le bailleur peut encore stipuler qu'il livrera les lieux dans l'état où ils se trouvent, sans être assujetti à aucune réparation ; mais de telles exigences sont le plus souvent une cause de rupture.

Ce qu'il est raisonnable d'imposer aux locataires qui occupent des maisons entières, c'est, en outre des réparations locatives, l'entretien des pompes, le dégorgement des gouttières, chéneaux, éviers et tuyaux de descente, la vidange des puisards et des fosses d'aisances, enfin le jeu aux portes et fenêtres. Ces ouvrages-là comportent peu d'imprévu, et l'on ne peut pas dire qu'ils sont trop lourds pour le preneur, qui peut facilement en apprécier l'importance et en tenir compte, en déterminant le prix du loyer.

Il n'en est pas de même des réparations usufruitières, dont nous signalerons toute la gravité à la seconde partie de ce traité.

61. — Il est bien rare qu'un bail stipule que les grosses réparations seront supportées par le preneur ; cependant ce n'est pas sans exemple, parce qu'il y a des gens qui ne comprennent pas ce qu'ils signent, et aussi parce qu'il y a certains baux qu'un locataire ne peut se dispenser de faire ou de renouveler. Mais il faut qu'il sache qu'il peut être amené à reconstruire les murs, les voûtes, les combles, et même les murs mitoyens, qui, on le sait, occasionnent généralement des dépenses encore plus considérables que les autres murs. (Voyez nos articles 49, 172 et 219.)

61 bis. — Lorsqu'il s'agit d'un bail à ferme, Troplong, tout en reconnaissant que le fermier est tenu de droit des réparations locatives au matériel et aux terres dont il a la jouis-

sance, considère que pour prévenir les difficultés et préciser
ce qu'il y a de vulgaire dans la loi, il est bon de stipuler au
bail que le preneur sera tenu : « de charfouir et regratter le
« plan fruitier, d'épiner les hentes, d'arracher deux fois
« l'an, en juillet et septembre, les ronces, épines, genêts et
« autres mauvaises productions qui croissent sur les fonds ;
« de curer de trois ans en trois ans les rigoles des prés, ainsi
« que les mares destinées à abreuver les bestiaux ; de dé-
« truire les taupes et les fourmilières ; de faire fournir et
« employer tous les ans, sur les bâtiments couverts en
« chaume, une certaine quantité de paille, osiers et gaules
« pour servir aux couvertures ; de curer les fossés et de re-
« lever les palissades, de manière que les bestiaux ne
« puissent sortir et que les haies soient en bon état ; d'entre-
« tenir les tonnes ; enfin de faire aux bâtiments les répara-
« tions locatives d'usage ». (Voyez articles 1763 et suivants
du Code civil et nos articles 9 *bis* et 241.)

XVI

ÉTATS DE LIEUX

ARTICLE 1730 DU CODE CIVIL.

62. — S'il a été fait un état de lieux entre le bailleur et le preneur, celui-ci doit rendre la chose telle qu'il l'a reçue, suivant cet état, excepté ce qui a péri ou a été dégradé par vétusté ou force majeure. (1728, 1736, 1735, 1755, du Code civil.)

ARTICLE 1732.

S'il n'a pas été fait d'état de lieux, le preneur est présumé les avoir reçus en bon état de réparations locatives, et doit les rendre tels, sauf la preuve contraire. (1720, 1754, du Code civil.)

62 bis. — La preuve exigée par l'article 1731 est toujours difficile à faire d'une manière régulière ; c'est pour cela qu'un état de lieux, c'est-à-dire un état des choses, est de toute nécessité lorsque les localités ne sont pas délivrées en bon état de réparations de toute espèce. Je dis état des choses, car ces sortes de constatations sont insignifiantes si elles décrivent les objets que le locataire n'emportera certainement pas sans constater minutieusement les dégradations qui s'y rencontrent. (Voyez Vétusté et Force majeure.)

63. — On fait deux sortes d'états de lieux :

1° L'état descriptif très-détaillé qui, tout en constatant ce qui est dégradé, décrit et explique tout ce qui compose la location ; ces sortes d'états sont indispensables pour les établissements industriels et pour les baux à très-long terme, ou lorsque l'on est fondé à croire que le preneur changera la disposition des localités, enfin lorsque toute surveillance de la part du bailleur est impossible. Le prix de ce travail est ordinairement supporté moitié par le bailleur, moitié par le preneur, parce qu'il est fait dans l'intérêt de l'un et de l'autre; il est quelquefois utile d'y joindre des plans. Les clauses de bail qui contiennent des conditions particulières se rapportant à l'entretien ou à la remise des lieux, ont besoin d'être connues des personnes qui seront un jour chargées de les rendre ou de les recevoir ; il est donc utile d'inscrire ces clauses du bail en tête de l'état de lieux.

2° L'état de lieux des locations ordinaires, lequel contient la description très-sommaire des localités; puis, d'une part, les dégradations existantes, et, d'autre part, la désignation des objets et choses sur la propriété desquelles il pourrait y avoir plus tard des doutes: glaces, tablettes, jalousies, portemanteaux, etc., etc. Ces états, beaucoup moins dispendieux que les autres, sont le plus souvent à la charge du locataire, parce qu'ils ne profitent qu'à lui seul.

64. — A défaut d'état de lieux, et en dehors de ce que dit la loi, il y a certaines règles établies. Ainsi, par exemple, une porte suppose une serrure ; une serrure ordinaire suppose une clef; une serrure de sûreté suppose deux clefs ; des tasseaux dans une armoire supposent des tablettes ; un parquet de glace suppose une glace ; etc. (Voyez article 525 du Code civil.)

65. — En ce qui concerne les papiers de tenture, l'état de lieux ne doit donner que la qualité du papier ou indiquer sa valeur, sans parler du dessin ni de la couleur, car celui qui le renouvelle ne peut être assujetti à le mettre semblable à l'ancien. (Voyez notre article 155.)

66. — Tout état de lieux doit être fait en double et signé des parties ; celle qui est empêchée doit le faire signer par un tiers agissant en vertu d'une procuration régulière, ou faire de l'état de lieux l'objet d'un acte notarié.

XVII

LORSQUE LE PRENEUR CÈDE SON BAIL.

67. — En vertu des articles 1717 et 1753 du Code civil, le locataire a le droit de sous-louer, et même de céder son bail, si cette faculté ne lui a pas été interdite par le bail, à condition, toutefois, que le sous-locataire occupera les lieux dans les mêmes conditions que lui, et que lui-même restera responsable des conditions du bail, comme aussi des dégradations et pertes.

Si donc, pour faire place à son sous-locataire, le cédant veut enlever ses meubles, le propriétaire peut, s'il le juge à propos, et comme conséquence des articles 1752 et 2102, exiger caution, non-seulement pour les loyers et les impôts de l'année, mais encore pour les réparations locatives; cette caution, il la rend lorsqu'il est suffisamment garanti par le mobilier du sous-locataire, sans pour cela que le locataire en nom cesse d'être responsable.

Dans le cas ici prévu de sous-location, ou de cession de bail, les deux locataires peuvent éviter, pour l'avenir, bien des contestations, en réglant immédiatement entre eux la question des réparations locatives ; le nouvel occupant se trouve ainsi indemnisé, par son prédécesseur, de celles déjà dues, et il satisfait seul aux réclamations du propriétaire, lorsque arrive l'expiration du bail.

XVIII

REPARATIONS EN CAS D'INCENDIE.

68. — Conformément aux articles 1733 et 1734 du Code civil, le locataire répond de l'incendie. Un simple feu de cheminée peut occasionner l'incendie d'une maison entière, et le locataire, chez qui le feu de cheminée a pris, en est responsable.

Tout locataire prudent doit faire assurer contre l'incendie ses risques locatifs, et reporter ainsi sur une compagnie d'assurances les charges qui de ce chef pèsent sur lui. (Voyez nos articles 119 et 176.)

69. — Il est bien entendu que le propriétaire qui fait assurer son immeuble contre l'incendie, ne change en rien la situation de son locataire ; celui-ci reste responsable vis-à-vis de la compagnie d'assurances des sinistres dont il est l'auteur. Le preneur peut invoquer le cas fortuit et le vice de construction, s'il y a lieu ; mais il faut qu'il sache bien que c'est à lui qu'il appartient d'en faire la preuve, aux termes de l'article 1733 du Code civil.

Non-seulement le preneur est tenu du ramonage, mais il doit cesser de faire du feu dès qu'il s'aperçoit d'une défectuosité susceptible d'occasionner un incendie. (Arrêts de la

Cour de cassation, 6 septembre 1838, 24 avril 1840 et
25 juin 1855. — Voyez aussi les articles 458 et 471 du Code
pénal.)

69 *bis*. — Les choses détériorées ou détruites par le feu
sont estimées suivant leur valeur au moment de l'incendie,
et non, comme si elles étaient neuves. Sans cela l'incendié y
gagnerait quelque chose, ce qui serait contraire au principe
qui veut que personne ne profite de l'incendie.

Les Compagnies d'assurances insèrent dans leur police que
l'assuré sera tenu de reprendre les résidus de l'incendie, suivant leur valeur. Ainsi, par exemple, un hangar en bois, et
couvert en tuiles, brûle. Il était garni de chaînes et tirants
fer, la compagnie déduit alors de son estimation la valeur des
vieilles tuiles, non cassées, les vieux fers et le reste du bois,
bon, au moins, pour être brûlé.

Le propriétaire peut se faire indemniser par le locataire
qui a mis le feu, de la perte des loyers qu'il subit pendant la
durée des réparations, et cela à titre de préjudice causé.

Les articles 1733, 1734 du Code civil ont donné lieu à de
nombreux procès entre propriétaires et locataires, ou Compagnies d'assurances les représentant. La jurisprudence paraît aujourd'hui fixée sur bien des points (1).

(1) Sur cette question des incendies et de la preuve à faire. Voyez Grün
et Soliat, *Traité des assurances terrestres*, page 234 et suivantes. Merlin,
— *Répertoire*, tome XVI, incendie. Proudhon, tome IV, page 16. Voyez aussi
les arrêts de la Cour de Cassation du 30 janvier 1854, 7 mai et 20
novembre 1855, 13 mai 1876, rapportés en entier au *Manuel* de la
Société centrale des Architectes (2ᵉ édition). Voyez encore aux Codes
français de H. F. Rivière les arrêts de la même Cour : 18 décembre 1827,
2 mars 1829, 11 avril 1831, 1ᵉʳ juillet 1834, 13 avril 1836, 24 novembre 1840,1ᵉʳ décembre 1846,20 décembre 1859, et 31 décembre 1862,
qui s'y trouvent rapportés en extraits. — Voir aussi 458 et 471 du Code
pénal.

Les Compagnies d'assurances n'ont jamais à payer plus que le montant de l'assurance ; mais dans bien des cas, et alors même que tout est détruit, elles sont parfaitement fondées à payer moins, c'est-à-dire, seulement la valeur de ce qui a péri. Toujours en vertu de ce principe qu'un sinistre ne peut être une cause de gain pour personne.

70. — Nous sortirons un moment de notre sujet pour dire que les propriétaires courent un risque grave, dont bien à tort ils ne se préservent généralement pas : nous voulons parler du recours des locataires pour leur mobilier, au cas où le sinistre pourrait être attribué au bailleur ou à ses gens. En effet, si l'incendie résulte d'un vice de construction, si le gaz d'éclairage enflamme l'escalier, si le feu a commencé chez le concierge, le propriétaire est certainement indemnisé par sa Compagnie d'assurances pour les réparations à faire à l'immeuble ; mais, en dehors de ce dommage, il y a le mobilier des locataires, et quelquefois des objets d'un grand prix qui peuvent être dégradés ou détruits, et pour lesquels ceux-ci, ou les compagnies qui les représentent, ont des droits à faire valoir contre le propriétaire ; ce dernier devrait donc toujours se faire assurer contre le recours de ses locataires.

XIX

COMPÉTENCE DU JUGE DE PAIX.

71. — En vertu de l'article 3 du Code de procédure civile, et conformément aux articles 4 et 5 de la loi du 25 mai 1838, les difficultés relatives aux réparations locatives sont du ressort du Juge de paix dans les conditions et limites ci-après désignées.

Le Juge de paix juge sans appel les difficultés relatives aux réparations locatives, tant que la somme réclamée n'excède pas cent francs.

Au-dessus de cent francs, il appartient encore au Juge de paix de statuer, mais à charge d'appel.

72. — Cette compétence du Juge de paix n'existe que pour les réparations réputées locatives ; en conséquence, et à moins que des pouvoirs ne lui soient conférés par les parties, le Juge de paix n'est pas compétent pour les changements apportés dans les lieux, sauf le cas, cependant, où leur défaut d'importance les ferait rentrer dans la catégorie des réparations locatives. Il n'est pas compétent non plus pour les dégradations graves, les suppressions, etc. (Voyez nos articles 13, 29, 59 et 59 *bis*.)

XX

EXPLICATIONS PAR ORDRE ALPHABÉTIQUE

73. — Nous avons établi que le preneur doit autre chose que la réparation des dégâts qu'il commet; nous renvoyons donc à ce qui précède pour compléter les explications qui vont suivre, et notamment à nos articles 7 et 23.

Aires en plâtre.

74. — Le plancher des greniers et autres localités n'est parfois recouvert que d'une aire en plâtre ; le locataire qui l'utilise doit y réparer les dégradations qu'il y commet.

Arbres et arbustes.

75. — Le locataire est chargé de remplacer les arbres qui meurent pendant sa jouissance, mais il ne peut y avoir là une cause de bénéfice pour lui. Si donc l'arbre mort a de la valeur comme bois mort, le propriétaire, prévenu à temps, décide s'il remplacera l'arbre à ses frais, ou s'il le demandera au locataire, qui profitera alors du vieux bois.

Le locataire doit la taille des arbres, l'élagage et l'échenillage. (Voyez les articles 355, 671, 672, 673 du Code civil et aussi notre article 141.)

Il ne peut couper ni supprimer aucun arbre sans le consentement du propriétaire.

Si des branches avancent sur la propriété d'un voisin et que celui-ci en demande la réduction, conformément à l'article 672 du Code civil, c'est au propriétaire des arbres qu'il appartient d'ébrancher.

Les branches sont toujours coupées à la limite de deux propriétés, quand bien même les arbres seraient plantés à moins de deux mètres.

Armoires.

76. — Le locataire doit le menu entretien aux fermetures ; il doit les faire fonctionner et les consolider en place.

A défaut d'état de lieux, les tasseaux placés à l'intérieur, peints ou recouverts de papier, font présumer le nombre des tablettes ; s'il en manque, le locataire doit les remplacer.

L'intérieur de l'armoire doit être rendu en bon état de propreté ; cependant il existe une certaine tolérance pour les armoires de salles à manger lorsqu'elles ne sont pas peintes à l'huile, et que l'occupation a été de longue durée.

Le locataire fait parfois établir des armoires fixes pour lingeries et autres localités du même genre, sans prévoir que leur enlèvement nécessitera un jour des réparations considérables. Les preneurs devraient donc, autant que possible, ne placer que des armoires mobiles ; il en est de même des casiers portatifs qui peuvent remplacer les tablettes fixes et les rayons.

Atres de cheminées.

77. — Le menu entretien des âtres et contre-cœurs, dé-

signé à l'article 1754, est essentiellement locatif, lors même que les dégradations ne sont que la conséquence de l'usage que l'on doit en faire. Si, à la fin du bail, l'âtre est dégradé, c'est qu'il n'a pas été entretenu journellement comme le veut la loi; cette règle s'applique au carrelage, aux jambages, au rideau en tôle, enfin à tout ce qui constitue l'âtre. (Voyez Rideaux en tôle, Croissants, Faïence.)

La plaque de fonte n'est guère susceptible d'un menu entretien; si elle se descelle, c'est au locataire à la remettre en place; si un feu, plus violent que l'usage ne le comporte, la dégrade ou la fait fondre, c'est le locataire qui doit la remplacer. Toutefois, l'usage s'étant introduit de brûler du coke et même de la houille, le locataire a droit à des plaques en fonte d'une qualité suffisante pour résister à ce genre de combustible; c'est pour y remédier que les constructeurs remplacent quelquefois les plaques en fonte par la brique réfractaire; cette dernière disposition, lorsque l'on est sur mur mitoyen, répond bien mieux que l'autre aux exigences de l'article 189 de la Coutume de Paris (1). On sait que les Coutumes sont toujours applicables, mais seulement à titre de règlements et d'usages locaux, lorsqu'ils sont constants et reconnus; le Code lui-même les invoque en cette qualité aux articles 645, 674, 1159, 1754, 1757, 1777 et autres (2).

(1) ARTICLE 189 DE LA COUTUME DE PARIS.

Qui veut faire cheminée et âtre contre un mur mitoyen, doit faire contre-mur de tuileaux ou autres choses semblables et suffisantes, de demi-pied d'épaisseur.

(2) CODE CIVIL; LOI DU 30 VENTÔSE AN XII (21 MARS 1804).

A compter du jour où les lois qui forment le Code civil seront exécutoires, les lois romaines, les ordonnances, les Coutumes générales ou

En général, pour tout ce qui est cheminée, four, calorifère, fourneau, etc., etc., il faut partir de ce principe, que l'emplacement où l'on fait le feu et l'endroit où frappe la flamme doivent être entretenus par le locataire. (Voyez articles 458 et 471 du Code pénal et notre article 179 *bis*.)

Auges.

78. — Le locataire veille à la conservation des auges; il les vide à temps, pour éviter les dégradations de la gelée.

Baguettes dorées.

79. — Les baguettes dorées qui se placent en bordures sur les papiers de tenture, ne peuvent pas s'entretenir journellement. La dorure qui les recouvre étant le plus souvent peu solide, les dégradations qui résultent de l'époussetage ne sont pas à la charge du locataire, mais il est responsable des autres dégradations.

Balcons.

80. — Le locataire n'est responsable que des dégâts qu'il y commet. En général, plus l'objet appartient à la grosse construction, et moins il est susceptible d'un entretien locatif.

Aux balcons en fer et fonte si des dégradations résultent d'un choc ou de l'attache d'enseignes, le preneur doit rétablir

locales, les règlements, cessent d'avoir force de loi générale ou particulière *dans les matières qui sont l'objet des lois composant le présent Code.*

les choses dans l'état où elles étaient. Si les barres d'appui
en bois sont entaillées, il est tenu de les remplacer.

Barrières en bois.

81. — Le locataire doit y faire toute réparation peu importante. Lorsqu'elles sont atteintes par la vétusté, c'est
au propriétaire qu'il appartient de les réparer ou de les remplacer.

Bas des murailles.

82. — (Voyez notre article 178.)

Bassins.

82 *bis*. — Le locataire est responsable des dégâts qu'il y
commet; il doit prendre toute précaution contre la gelée et
faire le curage; il maintient l'empoissonnement dans son état
primitif; le jet d'eau et les conduites doivent être maintenus
par lui en bon état de service.

Si le bassin perd ses eaux sans que la dégradation soit du
fait du locataire, le bailleur est tenu de faire la réparation.

Bat-le-flanc.

83. — On nomme bat-le-flanc le madrier mobile qui, sus-
pendu au plafond, remplace les stalles d'écurie; cet objet est
mobile; il doit dès lors être rendu dans l'état où il a été livré,
quelle que soit la cause de sa dégradation. (Voyez Objets mobiliers.)

Becs-de-Cane.

84. — Le bec-de-cane doit être assimilé aux serrures indiquées à l'article 1754 du Code civil ; son menu entretien est essentiellement locatif ; si le bouton prend du jeu, si le pêne a besoin d'être graissé, s'il fonctionne mal, si les vis se détachent, c'est au locataire qu'il appartient de faire la réparation.

Bitume.

85. — Les sols bitumés s'usent vite ; ils sont peu susceptibles d'un entretien journalier ; le locataire doit les légères dégradations qui peuvent se produire et la réparation des dégâts qu'il y commet violemment ou maladroitement (Voyez Carrelage).

Bois, futaies.

86. — Le locataire doit veiller, conformément à l'usage des lieux, à la conservation des bois et futaies qui lui sont confiés. Desgodets enseigne que « le fermier est obligé de « laisser les baliveaux de l'âge suivant l'ordonnance : les « modernes, les anciens et les gros arbres, même les arbres « fruitiers. Par les modernes on entend les baliveaux laissés « dans les coupes précédentes ; les anciens sont les baliveaux « qui ont été laissés dans les dernières coupes aupara- « vant ; et les gros arbres sont ceux restés d'ancienneté. « Toutes ces réserves sont les lois des eaux et forêts qui « tendent à produire des futaies. »

Bordures de glaces.

87. — (Voyez Baguettes dorées, Dorures.)

Bornes.

88. — Les bornes ne sont guère susceptibles, pour le locataire, que de la réparation des dégâts qu'il y fait.

Boutons de tirage.

89. — Les boutons de tirage, que l'on place principalement sur les portes d'entrée, sont d'un entretien essentiellement locatif.

Cadenas.

89 *bis*. — Les cadenas sont des objets mobiles confiés à la
garde du preneur dans les mêmes conditions que les clefs ;
ils doivent être rendus en bon état.

Calorifères.

90. — Le calorifère portatif doit être assimilé anx poêles.
Nous ne parlerons ici que des calorifères de construction.

L'entretien journalier des trappes, portes, bouches, guichets, etc., est locatif; le preneur doit donc les maintenir en
bon état de service, réparer les menues dégradations qui s'y
produisent, et les remettre en place quand ils se descellent.

Nous l'avons dit, dans tout appareil de chauffage, le loca-

taire doit réparer l'emplacement où l'on fait le feu et les endroits où frappe la flamme ; par suite, le preneur se trouve
responsable des cloches en fonte et de tous autres appareils
en tenant lieu. Cependant un calorifère ne peut durer éternellement, et après un long usage, je prétends que la cloche
et les autres pièces importantes qu'il faut remplacer cessent
d'être à la charge du locataire, s'il n'a fait qu'user des choses
sans en abuser ; la réfection du calorifère, dans ces conditions-là, rentre, à mon avis, dans le gros entretien que doit
le bailleur. Ce que le locataire est tenu de faire, c'est la réparation des dégradations qui se produisent journellement, ou
qui ont pour cause un abus de la chose.

Au moment où se dresse l'état de lieux, le locataire doit
faire visiter le calorifère dans toutes ses parties et l'essayer.

Les conduits de chaleur et les tuyaux allant rejoindre les
cheminées appartiennent au gros entretien dont le bailleur est
tenu, conformément aux articles 1719, 1720 et 1755 du Code
civil.

Canaux.

91. — Nous l'avons dit, toute chose louée est susceptible
d'un entretien locatif, mais la loi n'ayant désigné à l'article 1754 du Code civil, que quelques objets de bâtiments, à
titre d'exemples, les réparations locatives n'en sont pas moins
dues à tous autres. Ce principe est consacré par un arrêt de
la Cour de cassation, en date du 24 novembre 1832, ainsi
conçu : « La loi n'ayant pas désigné les réparations de menu
« entretien à la charge du preneur, notamment quand il
« s'agit de canaux, a laissé aux tribunaux le pouvoir de les
« déterminer d'après leur nature, l'usage et les stipulations
du bail.

« La décision des juges à cet égard ne peut donner ouver-
« ture à cassation. »

Dans la même affaire, la Cour royale a stipulé notamment, que les réparations d'entretien à un canal servant au
jeu d'un moulin, peuvent, par leur nature, être considérées
comme réparations locatives à la charge du preneur. Voir un
autre arrêt de la Cour de cassation au mot : Roues hydrau-
liques.

Le locataire doit donc aux canaux le curage, et aux écluses
le menu entretien, suivant ce que nous dirons plus loin pour
les grilles ouvrantes et les portes cochères ; il doit aussi aux
murs et au jointoiement les réparations partielles trop peu
importantes pour faire partie du gros entretien.

Caniveaux.

91 *bis*. — Un caniveau doit contenir ses eaux et les diriger ;
le locataire qui a un caniveau dans sa location doit le maintenir en bon état de propreté.

Carraeux de vitres.

92. — L'article 1754 du Code civil dit : « Aux vitres, à
« moins qu'elles ne soient cassées par la grêle ou autres ac-
« cidents extraordinaires et de force majeure, dont le loca-
« taire ne peut être tenu. »

Au nombre des accidents extraordinaires et de force majeure, il faut comprendre l'explosion violente.

On remarquera qu'une vitre cassée par le locataire n'est
autre chose qu'un dégât commis ; ce dégât ne se rapporte en
rien au menu entretien qui se distingue, comme l'a dit Des-

godets, par une tradition d'usage ; les vitres cassées sont en quelque sorte le seul objet qui, dans l'article 1754, se rapporte à la réparation des dégâts, les autres visant le menu entretien.

Il arrive fréquemment qu'un carreau de vitre est fêlé dans un angle, de telle façon qu'on ne saurait le faire soi-même ; c'est le plus souvent le fait des pointes qui le serrent en feuillure ; le locataire n'est pas responsable d'une telle fêlure, puisqu'elle n'est pas de son fait. Lorsque la brisure de la vitrerie résulte d'un effet dans la grosse construction, le bailleur est tenu de la rétablir.

Le rétablissement des mastics généralement dégradés est compris dans les ouvrages que doit le bailleur, suivant les articles 1719, 1720 et 1755, et aussi parce que le preneur doit être clos et couvert.

Le bailleur livre les carreaux de vitres en bon état de propreté, et le locataire les rend de même.

Les carreaux que le locataire aurait fait dépolir doivent être nettoyés et rendus dans l'état où ils ont été livrés. (Voyez Châssis de toit.)

Carrelage.

93. Le locataire est responsable des carreaux de carrelage qu'il brise violemment ou maladroitement ; il supporte en outre certaines dégradations qui résultent de l'usage. Ainsi il est dit à l'article 1754 que le preneur doit la réparation aux pavés et carreaux des chambres, lorsqu'il y en a seulement quelques-uns de cassés. Ce paragraphe n'aurait aucun sens s'il se rapportait aux carreaux de carrelage brisés violemment par le locataire, car il en est également responsable

iorsqu'il les brise tous. Il ne peut donc s'agir que de quelques carreaux en état de vétusté, çà et là, cassés ou brisés ; le législateur, en introduisant ce paragraphe dans l'article 1754, conforme du reste à l'avis de tous les anciens auteurs, a voulu une fois de plus témoigner de cette intention de ne pas déranger le propriétaire pour peu de chose. (Voyez nos articles 21 et 22.)

Lorsqu'une quantité plus grande de carreaux de carrelage est en état de vétusté, la réparation incombe naturellement au propriétaire, parce qu'elle excède le menu entretien.

Cas fortuit.

93 *bis*. — Le cas fortuit est une circonstance, arrivée d'une manière imprévue, et qui devait échapper à la prévoyance humaine. C'est un cas étrange, extraordinaire, dû au hasard, et dont on n'a pas été maître ; le cas fortuit est prévu aux articles 607, 855, 1148, 1302, 1348, 1370, 1647, 1722, 1760, 1772, 1784, 1817, 1823 et 1881 du Code civil. (Voyez Force majeure, à notre article 120 *bis*.)

Caves.

93 *ter*. — Les caves se rendent, comme le surplus de la location, en bon état de propreté ; sol dressé, fermetures fonctionnant bien, trous de scellements bouchés.

Chambranles et Tablettes de cheminées.

94. — Les tablettes et les chambranles de cheminées ont été spécialement indiqués à l'article 1754 du Code civil,

comme susceptibles de réparations locatives. En effet, les chambranles sont fragiles, on en approche sans cesse, on dépose sur la tablette des objets susceptibles de la rayer ou de la tacher ; c'est pour mettre le locataire en garde contre ces dégradations possibles et provoquer un entretien de tous les jours, que les chambranles et tablettes de cheminées ont trouvé place dans l'article 1754.

Châssis de toit.

95. — Quelquefois le vent soulève un châssis à tabatière, et lorsqu'il retombe les vitres se brisent. La réparation du dégât est à la charge du propriétaire lorsque le châssis n'est maintenu en place que par son propre poids ; si, au contraire, sa ferrure permet au locataire de le fixer en place, la réparation est à sa charge, parce qu'il doit fermer son châssis comme on ferme sa fenêtre.

Les châssis de toit, en général, se dégradent promptement. Le locataire abrité sous des châssis vitrés n'est pas responsable des vitres cassées par suite de leur mauvais état ; il ne répond pas non plus des carreaux que brisent les locataires des étages supérieurs. Le propriétaire doit même les remplacer en toute hâte, pour que son locataire cesse le moins longtemps possible d'être clos et couvert ; il exerce ensuite son recours contre les auteurs du dommage, si bon lui semble. C'est pour ces sortes de châssis surtout que l'entretien des mastics et de la peinture ne doit pas être négligé par le propriétaire.

Le nettoyage de ces châssis est à la charge de celui qu'ils abritent, toutes les fois qu'il peut y accéder facilement, sans passer chez un autre locataire et sans avoir à déposer de

lourds grillages; sinon l'entretien n'est plus locatif, et il ap
partient alors au propriétaire de les maintenir en bon état
de propreté. (Voyez nos articles 99 et 143.)

Cheminées.

96. — (Voyez Aires, Chambranles de cheminées, Rideaux
en tôle, Faïence.)

Chemins.

97. — Tout chemin compris dans une location doit être
maintenu par le preneur en bon état de viabilité ; s'il est
en terre, les ornières doivent être comblées en terre ; s'il
est en macadam, les dégradations sont réparées en sable et
cailloux fortement pilonnés. (Voyez Pavage.)

Chéneaux.

97 *bis*. — Le bailleur est tenu d'entretenir les chéneaux
en bon état de propreté, notamment lorsque des fenêtres
les avoisinent, si le locataire occupe un corps de logis dont il
a seul l'accès. S'il est principal locataire, c'est lui alors qui
maintient la propreté dans le chéneau.

Citernes.

97 *ter*. — Une citerne doit conserver ses eaux ; le locataire
doit la curer et la maintenir dans un bon état de service ; il y
fait le menu entretien.

Le bailleur doit la maintenir en état de conserver ses eaux.
(Voyez Egouts.)

Clefs.

98. — La clef est un objet mobile confié à la garde du locataire ; il la reçoit en bon état et doit l'entretenir pour la rendre telle.

Cloisons.

98 *bis*. — Le locataire ne doit aux cloisons en plâtre que la réparation des dégâts qu'il y commet ; pour les autres cloisons, voyez notre article 162.

Clos et couvert.

99. — L'obligation de maintenir le locataire clos et couvert est la conséquence des articles 1719 et 1720 du Code civil, comme aussi d'un usage constant et reconnu. Le propriétaire est donc tenu non-seulement d'entretenir la couverture, mais encore de réparer et de remplacer, s'il y a lieu, toute porte ou clôture qui cesse de clore convenablement.

Pendant les grands froids, sous les combles vitrés, l'air chaud intérieur se condense le long des vitres et à la surface des fers, l'eau tombe à l'intérieur ; on demande si, dans ce dernier cas, le locataire peut prétendre qu'il n'est pas couvert ?

Je n'hésite pas à dire que l'eau qui tombe ainsi ne provenant pas d'un défaut de clôture, c'est au locataire qu'il appartient de se préserver, d'autant plus qu'il a pu prévoir l'inconvénient avant de louer.

Contre-cœurs de cheminées.

100. — (Voyez Atres.)

Cordes à puits.

100 *bis*. — (Voyez Puits.)

Cours, Courcelles.

101. — Lorsqu'une cour fait partie de la location, le preneur n'est tenu que des réparations indiquées à nos articles Pavage, Bitume, Trottoirs, Bornes, etc., etc.

Les petites cours manquent souvent d'air ; la propreté y est indispensable. Celui qui est seul locataire d'une courcelle doit faire épousseter les murs, les appuis des fenêtres, etc. (Voyez Châssis de toit.) Lorsqu'elles sont communes à plusieurs locataires, le bailleur doit les maintenir en bon état de propreté.

Couverture.

101 *bis*. — Le locataire d'une maison entière doit surveiller la couverture. Il n'est responsable que des dégâts qu'il y commet, à moins de conventions contraires. (Voyez nos articles 95, 99 et 133.)

Crapaudines.

102. — Les crapaudines des pierres d'évier et des cuvettes sont d'un entretien essentiellement locatif ; si elles se

descellent ou se brisent, le locataire doit les rétablir en place.

Crémones.

103. — L'entretien des crémones est locatif ; si les gâches se détachent, si le bouton ne les fait plus fonctionner, c'est le locataire qui doit faire la réparation. Lorsque, par suite de tassements, la tringle n'est plus de longueur, c'est le propriétaire qui remet les choses en état.

Croissants.

103 *bis.* — Le rétablissement des croissants cassés ou descellés est essentiellement locatif. Ce travail entraîne le plus souvent la réfection de l'intérieur de la cheminée.

Croisées.

104. — Dans les croisées, spécialement désignées à l'article 1754, comme dans les portes et les persiennes, il faut distinguer ce qui est ferrure de ce qui est fermeture.

Le locataire doit le menu entretien de tout ce qu'il fait manœuvrer journellement pour ouvrir et pour fermer, quand bien même la dégradation ne résulterait que de l'usage que l'on doit en faire ; mais les gonds, les paumelles, tout ce qui est ferrure, rentre dans le gros entretien, mis à la charge du propriétaire. (Voyez nos articles 103 et 114.)

Cuvettes ménagères et Cuvettes de cour.

105. — Les cuvettes sont d'un usage journalier ; leur menu entretien est locatif, le preneur doit les maintenir en bon état de propreté et faciliter leur fonctionnement.

Sous les robinets et pompes on place, dans les cours, des cuvettes en fonte ou en pierre, avec grilles. Lorsqu'il y a plusieurs locataires, leur entretien concerne le propriétaire ; mais lorsqu'une seule personne a droit au robinet ou à la pompe, celle-ci fait alors les menues réparations et aussi l'entretien des joints qui avoisinent immédiatement la cuvette ou la pompe. (Voyez Garde-robes.)

Dallages.

106. — Le locataire ne doit aux dallages que la réparation des dégâts qu'il y commet ; lorsqu'ils sont usés et hors de service, le propriétaire est tenu de les remplacer.

Dégâts.

107. — Les articles 1382 et 1383 du Code civil suffiraient pour mettre à la charge du locataire la réparation de tous les dégâts qu'il commet, si cette condition n'était de droit commun et si elle n'était indiquée aux articles 1754 et autres du Code civil.

Un carrelage brisé par un choc violent est un dégât; un carrelage d'être brûlé par l'usage que l'on en fait est une menue réparation. Nous avons signalé la différence que l'on doit faire entre les menus dégâts et ceux qui, par leur importance, constituent un préjudice causé.

Dégorgements.

108. — (Voyez Engorgements.)

Démolition.

109. — Lorsqu'un locataire a le droit d'enlever des constructions érigées par lui sur le terrain d'autrui, il doit, à défaut d'état de lieux et à titre de réparations locatives, boucher
tous les trous de descellement, enlever les gravois et rendre·
l'emplacement en bon état de nivellement et de propreté. Les
matériaux de démolition sont meubles par application de l'article 532 du Code civil, et deviennent dès lors la garantie des
réparations locatives. (Voyez notre article 46.)

Devantures de boutiques.

110. — (Voyez Fermetures de boutiques.)

Dorures.

111. — Les dorures sont plus ou moins solides, suivant
qu'elles ont été plus ou moins bien faites ; la dorure est une
chose précieuse ; le locataire doit en avoir un soin tout particulier.

Ceci une fois expliqué, il faut reconnaître que les dorures
ne peuvent s'entretenir journellement, comme on entretient
un bec-de-cane ; le locataire ne peut être responsable des
dégradations résultant de l'époussetage indispensable, ni
des effets du temps. Les légers dégâts commis aux dorures

motivent des raccords bien faits ou se compensent par une indemnité ; s'ils sont importants au point qu'il faille refaire les dorures, c'est au locataire à supporter la dépense, mais alors ce n'est plus une menue réparation, dite locative, c'est la réparation d'un dommage causé, rentrant dans le cas. des articles 1382 et 1383 du Code civil.

Egouts.

111 *bis*. — Lorsque la propriété contient un égout à l'intérieur, le locataire principal doit y faire les menus ouvrages d'entretien et le maintenir en bon état de propreté, mais s'il sert à plusieurs locataires, c'est le bailleur qui est tenu de toutes les réparations et du maintien de la propreté.

Engorgements.

112. — Chaque locataire est tenu du dégorgement du branchement qui lui est particulier et qui aboutit à la grosse conduite.

Dans les maisons louées à plusieurs locataires, les engorgements des tuyaux de conduite et des gargouilles sont à la charge du propriétaire, parce qu'il ne peut en connaître l'auteur ; mais toutes les fois que la propriété est entre les mains d'un locataire principal, c'est lui qui remédie à l'engorgement, parce qu'il est présumé résulter de sa négligence.

Escaliers.

113. — A notre article 40 nous avons parlé des choses dont plusieurs personnes ont la jouissance ; le locataire, même principal, ne doit guère à l'escalier que la réparation des dégâts qu'il y commet; toutefois il maintient en place les boules de rampe, qu'il faut souvent consolider. (Voyez Croisées, Parquets, Moulures, etc.)

Espagnolettes.

114. — Le menu entretien des espagnolettes est essentiellement locatif ; si la poignée se détache, si le support cède, si les crochets ne prennent pas bien dans la gâche, c'est au locataire à faire la réparation.

Etangs.

115. — Le curage des étangs est à la charge des locataires. Si l'étang est empoissonné, le locataire doit le maintenir dans l'état où il l'a reçu. Les conditions d'entretien et de conservation devraient toujours être réglées par le bail.

Eviers.

116. — Le locataire n'est pas responsable de l'usure qui s'y produit ; lorsque de ce chef un évier est hors de service, le bailleur doit le remplacer, conformément aux articles 1719, 1728 et 1755 du Code civil. Le locataire doit l'entretien de la crapaudine et le dégorgement du branchement allant à al grosse conduite.

Faïence.

116 bis. — La faïence qui garnit les cheminées est souvent fendue par un feu immodéré ; les dégâts sont alors à la charge du locataire, mais il arrive aussi que des fêlures ou autres dégradations résultent de l'assiette que prend l'ensemble du corps de cheminée tant par suite de son poids, que par l'extrême sécheresse résultant de son usage. L'appréciation du fait est difficile à faire. Dans le doute la présomption est contre le locataire, mais il ne faut user de cet usage qu'avec modération; dès que la fêlure ne nécessite pas absolument le remplacement de la faïence, il faut en tenir compte.

Les panneaux qui garnissent les fourneaux et les pierres d'évier fatiguent beaucoup par le simple usage que l'on en fait; le locataire est responsable des dégats qu'il y commet maladroitement, ou violemment.

Le preneur doit avoir le plus grand soin des faïences décoratives; il doit les rendre en bon état de conservation.

Fenêtres.

117. (Voyez Croisées.)

Fermetures de boutiques.

118. — Les fermetures de boutiques ont été spécialement indiquées à l'article 1754 du Code civil ; le locataire doit y faire le menu entretien de toutes les ferrures qui les garnissent : boulons, clavettes, gâches, supports, barres, boutons, serrures, verrous, etc., etc.

Il en est de même des fermetures en fer, en usage actuellement; le locataire doit les maintenir en bonne fonction, graisser les engrenages ainsi que toute partie frottant l'une contre l'autre.

Souvent le poitrail s'affaisse ou les parpaings s'enfoncent

dans le sol ; les désordres qui en résultent doivent être réparés par le propriétaire. (Voyez Carreaux de vitres.)

Feux de cheminée.

119. — Le preneur répond des feux de cheminée et de
toutes leurs conséquences, parce que ces feux sont présumés
résulter d'un défaut de ramonage ou d'une flamme trop
intense ; il doit donc faire ramoner aussi souvent que cela
est nécessaire. Il en était déjà ainsi sous notre ancienne jurisprudence.

Le bailleur qui se charge du ramonage change cette situation, soit qu'il en supporte la dépense, soit qu'il s'en fasse
rembourser par son locataire ; car celui-ci est en droit de
prétendre que le défaut ou l'imperfection du ramonage n'est
pas de son fait.

Le preneur cesse aussi d'être responsable lorsqu'il peut
prouver que le feu de cheminée a été la conséquence d'un
vice de construction ou d'un amas de suie, là où le ramonage
ne peut atteindre. (Article 1733 du Code civil.)

Le propriétaire livre les cheminées ramonées, et le locataire doit les rendre dans le même état.

A Paris, le moindre feu de cheminée motive une enquête ;
mais depuis 1824, l'autorité n'y requiert plus l'application
de l'article 471 du Code pénal. Le délinquant peut donc appeler les secours sans redouter les poursuites. (Voyez notre
article Ramonage.)

Fontaines.

120. — (Voyez Auges, Cuvettes, Pompes, Robinets.)

Force majeure.

120 *bis*. — La Force majeure est une puissance irrésistible ; c'est un événement dont l'homme ne peut se garer. Cambacérès a dit : c'est un accident que la vigilance et l'industrie des hommes n'a pu empêcher ni prévenir.

La force majeure est admise aux articles 1148, 1348, 1731, 1733, 1754, 1755, 1784, 1934 du Code civil et articles 230 et 227 du Code de commerce. (Voyez Cas fortuit.)

Forges.

120 *ter*. — La forge est un ustensile industriel. Celui qui s'en rend locataire doit l'entretenir dans son entier ; elle est citée à l'article 674 du Code civil comme étant assujettie, sous le rapport du voisinage, à des conditions auxquelles le preneur doit nécessairement se soumettre tout aussi bien que le bailleur, si c'est lui, preneur, qui adosse la forge au mur mitoyen. L'article 190 de la Coutume de Paris était tout entier consacré aux forges, mais toujours au point de vue du mur mitoyen. Une forge peut devenir une cause d'incendie. (Voyez nos articles 77, 90 et 163 ; voyez aussi Code pénal, article 458 et 471.)

Fosses d'aisances.

121. — La vidange des fosses d'aisances est à la charge du propriétaire, s'il n'y a clause contraire. Cette question, laissée douteuse par les Coutumes de Paris, a été tranchée par l'article 1756 du Code civil. Le locataire qui a pris à sa

charge la vidange des fosses ou puisards n'est pas tenu pour cela d'y faire des réparations ; mais il doit supporter les conséquences de la vidange, c'est-à-dire les frais d'ouverture et de fermeture de la fosse, les démarches, faux frais, etc., etc.

Fossés.

122. — Le locataire est tenu de déblayer les fossés lorsqu'ils s'encombrent ; de réparer les éboulés et de les curer lorsqu'ils servent à l'écoulement des eaux ; il doit, dans tous les cas, se conformer à l'usage des lieux. Voyez les articles 666 et suivants du Code civil ; voyez aussi notre article 201 et les arrêts de la Cour de cassation en date du 12 mai 1851 ; 11 avril 1848; 3 juillet 1849, 3 janvier 1854.

Fourneaux.

123. — En citant les âtres et les contre-cœurs comme étant d'un entretien locatif, l'article 1754 du Code a suffisamment désigné les fourneaux potagers ; mais où doit s'arrêter le menu entretien ?

Dans la pratique, on exige généralement du locataire l'entretien des carrelages, paillasses et réchauds, quand bien même leur hors de service ne résulte que de l'action du feu ; à notre avis, cette exigence, poussée à l'extrême, dépasse l'intention de la loi ; il nous semble qu'après un long usage, et lorsqu'il n'y a pas eu d'abus de la chose louée, si les paillasses en plâtre sont détruites par l'usage que l'on doit en faire, c'est l'article 1755 du Code qu'il faut appliquer, car elles ne peuvent durer éternellement ; l'entretien que doit le locataire ne peut pas dépasser, suivant nous, les réchauds en fonte et leurs grilles, comme aussi les carrelages et revête-tements qui se descellent, s'usent ou se brisent.

Les coffres à charbon que renferme le fourneau appar-tiennent le plus souvent au locataire. Lorsqu'il en est autre-ment, le preneur doit les considérer comme objets mobiliers, les entretenir et les rendre dans l'état où ils ont été livrés.

Les portes, les couvercles en tôle, etc., etc., sont, de même, considérés comme des objets mobiliers, et le loca-taire doit les rendre comme il vient d'être dit.

Les fourneaux doivent être livrés et rendus en parfait état de propreté dans toutes leurs parties.

Depuis quelques années la construction des fourneaux de cuisine s'est complétement transformée par suite de l'habi-tude que l'on a prise de brûler du charbon de terre. Lors-qu'ils sont construits solidement, les contestations sont le plus souvent évitées; le locataire sait qu'il doit un certain entretien et aussi le nettoyage des compartiments où s'a-masse la suie; ce nettoyage ne peut se pratiquer sans dé-monter une partie du fourneau, et en cette circonstance il répare les dégradations qui se sont produites à l'intérieur.

Les contestations, au contraire, surgissent promptement, lorsque le fourneau n'est composé que de tôle mince et de fonte légère ou de mauvaise qualité, qui casse au premier feu, parce que le locataire prétend avec raison qu'il ne peut servir à l'usage auquel il est destiné.

Le locataire est particulièrement chargé de la conserva-tion du réservoir d'eau chaude, appelé coquemar ou bain-marie.

Lorsque la partie en fonte qui recouvre le fourneau ou toute autre pièce mobile ou fixe est légèrement fêlée, sans que cette dégradation en empêche l'usage et sans qu'il soit nécessaire de la remplacer, le propriétaire n'est pas fondé, à notre avis, au moment où le locataire quitte les lieux, à en exiger le remplacement ; il ne peut prétendre qu'à une indemnité de dépréciation.

Dans les usines et fabriques, le fourneau qui a été construit pour les besoins du preneur doit être considéré comme ustensile, et rendu dans l'état où il a été reçu, sans qu'il soit tenu compte des dégradations résultant de l'usage. (Voyez Four et l'article 674 du Code civil.)

Fours.

124. — Il faut distinguer le four dépendant d'une location bourgeoise, du four établi pour l'exploitation d'une industrie ; dans le premier cas, le locataire doit l'entretien de l'aire, de la chapelle et de tous les accessoires : portes, guichets, ustensiles. Par réparation de l'aire et de la chapelle on doit entendre le carrelage de l'emplacement qui reçoit le feu et les joints de l'endroit où frappe la flamme.

Un four ne peut pas durer éternellement, et après un long usage, lorsqu'il a rendu tous les services que l'on devait en attendre, lorsque enfin le four n'est plus susceptible de recevoir aucune réparation, c'est au propriétaire qu'il appartient de le reconstruire.

Si le four est affecté à l'exploitation d'une industrie, celui qui s'en sert doit le considérer comme ustensile et y faire toute espèce de réparations pour le rendre dans l'état où il a été pris. S'il en était autrement, le bailleur serait obligé d'intervenir toutes les fois que l'objet industriel se trouverait dégradé par le simple usage que l'on en fait ; la règle s'oppose à ce qu'il en soit ainsi.

Les baux devraient toujours s'expliquer sur cette question de l'entretien des fours. (Voyez nos articles 77 et 77 *bis* et aussi les articles 458 et 471 du Code pénal.)

Foyers de cheminée en marbre ou en pierre.

125. — Le locataire ne doit guère au foyer de cheminée en marbre ou en pierre que la réparation des dégâts qu'il y commet; s'il le brûle en avançant trop son feu, ou s'il y laisse tomber un objet qui le brise, la réparation est à sa charge. Souvent le foyer se rompt sous le poids de la cheminée ou cède au fléchissement du plancher ; il désaffleure alors le parquet et cesse de présenter une surface plane ; dans ces cas-là, le dégât n'est pas locatif. (Voyez notre article 37.)

Fumée.

126. — Il résulte des articles 1719 et 1720 que le bailleur doit faire jouir paisiblement le preneur, et que l'objet loué doit pouvoir servir à sa destination.

Une cheminée qui fume sensiblement ne remplit pas le but que l'on doit en attendre; le propriétaire est donc tenu de faire ce qu'il faut pour qu'elle fonctionne d'une manière convenable.

Futaies.

127. — (Voyez Bois, Haies.)

Garde-Manger.

128. — Les garde-manger sont souvent exposés à la pluie; s'ils pourrissent, le propriétaire doit les réparer ou

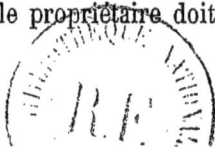

7

les refaire ; mais si les toiles métalliques ou canevas sont hors de service, c'est au locataire à les remplacer. Rien n'entre plus dans le menu entretien que ces objets légers, susceptibles de se dégrader facilement.

Garde-Robes.

129. — Les garde-robes à bascule ou à effet d'eau, ainsi que leurs appareils, étant d'un usage journalier, le menu entretien est locatif. Le preneur doit donc graisser le mécanisme et faire enlever le dépôt de papier qui se forme sous la cassolette ; il est tenu en outre de toutes les dégradations résultant de violence ou de maladresse.

Le propriétaire doit faire à ces cuvettes les réparations nécessitées par la rouille ou l'oxyde dans les parties où le locataire ne peut accéder ; lorsqu'elles succombent de vétusté, le bailleur est tenu de les remplacer.

Aux appareils à effet d'eau il existe un robinet qui ne se touche pas à la main, et auquel même le preneur ne peut atteindre ; son entretien est à la charge du bailleur.

Gargouilles.

129 *bis.* — (Voyez Caniveaux.)

Gaz.

130. — Lorsque le gaz d'éclairage a été établi par le propriétaire, le preneur doit l'entretien des appareils, robinets, siphons, etc., etc.; il fait l'épinglage et veille à la conservation du tout.

Le locataire qui a installé le gaz chez lui a le droit de tout reprendre, à charge par lui de réparer les dégâts qui résultent de la pose et de l'enlèvement, quand bien même il aurait procédé en vertu d'une autorisation du propriétaire. (Voyez Sonnettes et notre article 185.)

Glaces.

131. — Les glaces se livrent fraîchement nettoyées et se rendent dans ce même état de parfaite propreté ; le tain doit être en bon état ; sans quoi la glace ne pourrait pas servir à l'usage auquel elle est destinée.

Tout dégât commis au poli motive une indemnité dont la valeur varie suivant l'importance du dégât.

Le locataire n'est pas responsable des dégradations qui se produisent dans le tain, à moins qu'il ne soit prouvé qu'elles sont de son fait.

Si le tain se dégradait à ce point que la glace ne rendît plus le service que l'on doit en attendre, le propriétaire serait tenu de le rétablir conformément aux articles 1719, 1720 et 1755 du Code civil.

Lorsque, à défaut d'état de lieux et de renseignements, il y a incertitude sur la propriété de la glace, il faut, aux termes des articles 524 et 525 du Code civil, chapitre *De la distinction des biens*, examiner si elle est mobile et détachée de la propriété, ou si, au contraire, elle fait corps avec la boiserie, c'est-à-dire avec l'immeuble; dans ce dernier cas elle est, dit la loi, présumée avoir été attachée au fonds à perpétuelle demeure, par le propriétaire, et lui appartenir ; dans l'autre cas elle est meuble et présumée appartenir au locataire. C'est là ce que dit la loi.

Mais aujourd'hui que les boiseries en revêtement des murs ne se placent que dans les riches résidences, et que les glaces, au contraire, ornent les plus modestes habitations, il est impossible d'ériger en principe que les glaces sont présumées appartenir au locataire, par ce seul fait qu'elles peuvent être enlevées sans être détériorées ou sans dégrader la partie du fonds à laquelle elles sont attachées.

Ainsi, à Paris, les glaces appartiennent presque toujours au propriétaire, notamment lorsqu'elles se trouvent placées sur les cheminées. Les contestations qui surgissent au sujet de la propriété des glaces ne peuvent réellement être appréciées qu'en raison des circonstances qui environnent chaque cas particulier, tout en tenant compte que, dans l'état actuel des choses, une glace est meuble, suivant les articles 525 et 599 du Code civil. C'est pour cela que le bailleur, sans attendre l'état de lieux, qui ne sera peut-être jamais rédigé, fait bien d'indiquer au bail ou dans l'acte de location, combien il livre de glaces. (Voyez notre article 152.)

Gonds.

132. — Les gonds sont désignés à l'article 1754 comme susceptibles de réparations locatives ; toutefois nous ferons remarquer que les gonds à scellement, par exemple, ne sont guère susceptibles d'un entretien journalier. En citant les gonds, les auteurs du Code ont certainement entendu parler de ceux qui dépendent d'objets légers et mobiles, tels que tablettes d'étalage et autres objets qu'on gonde et dégonde chaque jour.

Gouttières.

132 *bis*. — Le principal locataire doit avoir d'autant plus de soin des gouttières, qu'elles sont fragiles; il doit faire le dégorgement des tuyaux et maintenir la propreté dans la gouttière s'il y accède facilement. S'il y a fléchissement sous le poids de l'eau, s'il y a débordement, le bailleur est tenu de remettre les choses en état. (Voyez Chéneau.)

Grillages.

133. — Le preneur doit aux grillages la réparation des dégâts qu'il y commet et aussi les dégradations partielles et peu importantes qui se produisent, lors même qu'elles ne sont pas de son fait; s'ils périssent de vétusté, c'est le propriétaire qui les renouvelle. A moins de location principale, le bailleur doit faire toute espèce de réparations aux châssis grillagés placés en dehors de la location et qui recouvrent les cours vitrées; le locataire n'est tenu que de les souffrir. (Voyez Châssis de toit.)

Grilles dormantes.

134. — Le locataire ne doit faire aux grilles dormantes que la réparation des dégâts dont il est l'auteur. En ce qui concerne leur peinture, voyez l'article Peinture.

Grilles ouvrantes.

135. — Le locataire doit le menu entretien aux fermetures, serrures, espagnolettes, verrous, etc., etc.

Les grilles ouvrantes placées extérieurement sont souvent sujettes à des réparations résultant du tassement de leurs fondations; ces sortes de dégradations rentrent dans l'entretien que doit le bailleur, à moins qu'il ne s'agisse que de jeux sans importance.

Haies.

136. — Le locataire est tenu de tailler les haies et de remplacer les touffes qui périssent; il doit en outre se conformer à l'usage des lieux, s'il n'y a clause contraire. (Voyez articles 555, 670, 671, 672-673 du Code civil.)

Horloges.

137. — L'horloge est une machine ; le locataire doit la maintenir en bon état de fonctionnement et la rendre dans l'état où il l'a reçue. (Voyez Machines et Objets mobiliers.)

Incendie.

138. — (Voyez notre chapitre xviii, article 68, consacré aux réparations en cas d'incendie ; voyez aussi nos articles Feux de Cheminée et Ramonage.)

Inscriptions.

139. — Le locataire qui, pour ses besoins, a fait peindre des inscriptions ou enseignes, doit les faire disparaître avant son départ des lieux, et rétablir les choses comme elles étaient lors de son entrée en jouissance.

Jalousies.

140. — Les jalousies, en raison de leur fragilité, sont considérées comme objets mobiliers; le locataire doit notamment
le renouvellement des rubans et cordages, sans examiner s'il
y a usure ou vétusté ; il doit enfin les rendre telles qu'il les a
reçues, mais il n'est pas tenu de la peinture.

Jardins d'agrément. — Jardins maraîcher .

141. — Un état de lieux détaillé est indispensable[pour
tout jardin d'agrément donné en location ; un plan est souvent nécessaire, on y indique les arbres principaux. Le jardin est censé avoir été livré en bon état, s'il n'y a preuve
contraire, et doit être rendu de même.

Le bon état d'un jardin d'agrément comporte : les allées
sablées, les gazons en bon état, les plates-bandes labourées,
dressées et garnies de bordures, par application des articles
1754, 1731, 1732 et autres du Code civil.

Les arbres et arbustes qui meurent pendant la durée de
l'occupation sont remplacés par le locataire, en même
nombre et en même qualité. Il n'en serait pas de même s'ils
étaient détruits par la foudre ou emportés par un violent
orage, sans qu'il y ait eu mauvaises précautions de la part du
locataire. La taille des arbres, l'échenillage et l'élagage sont
à la charge du preneur, qui doit aussi arracher les ronces
et les orties avant graine. (Voyez notre article 75.)

Desgodets, Goupil, Pothier, Lepage et autres, sont una-
nimes en ce qui concerne les jardins. Troplong, dans son
Traité du louage, a résumé leur avis ainsi qu'il suit :

« Dans les jardins, les locataires sont obligés d'entretenir
« en bon état les allées sablées, les parterres, les plates-bandes,
« les bordures et les gazons ; les arbres et arbrisseaux doivent
« être rendus de même espèce et d'un même nombre qu'ils
« étaient lorsque le bail a commencé, et s'il en meurt
« quelques-uns, les locataires doivent les remplacer. »
(Voyez Arbres et Arbustes.)

Un jardin maraîcher doit être maintenu en bon état de
culture et rendu fraîchement labouré et dressé, gravois, ordures, pierres, enlevés ou enterrés profondément.

Jets d'eau.

142. — (Voyez Bassins.)

Jeu aux portes et aux fenêtres.

143. — Lorsque, par suite de légers tassements, des jeux
sans importance sont à donner aux gâches en fer ou aux me-
nuiseries, c'est au locataire qu'il appartient de le faire, à titre
de menu entretien ; mais si une dépose est nécessaire, si
le concours simultané du menuisier et du serrurier devient
indispensable, c'est alors au propriétaire qu'il appartient
de mettre les ouvriers à l'œuvre. Le preneur est plus atteint
de ce chef lorsque les constructions sont neuves.

Lambris.

144. — Le preneur doit aux lambris la réparation des dégâts qu'il y commet ; le menu entretien ne serait à sa charge

que s'il se produisait un léger retrait dans les bois, lequel, par son peu d'importance, ne mériterait pas que l'on dérangeât le propriétaire.

Loqueteaux.

145. — Le menu entretien des loqueteaux est essentiellement locatif; le tirage, son anneau, les vis qui le fixent en place, le graissage, sont à la charge du locataire.

Machines.

146. — Rien n'est plus susceptible d'un entretien locatif permanent que les machines; elles durent plus ou moins, suivant le soin que l'on en a. (Voyez notre article 23.) Elles se dégradent fréquemment et sont soumises à un entretien journalier. Les machines appartiennent généralement au matériel industriel, et le bailleur n'a à intervenir que lorsqu'il s'agit d'une pièce très-importante, d'une pièce de longue durée en grosse matière, dont le renouvellement fait époque, et qui pèse comme une charge extraordinaire; ainsi, par exemple, pour les machines à vapeur, lorsque la chaudière, après avoir fait tout le service que l'on devait en attendre, est à changer, sans qu'il y ait eu abus de la chose, il est admis par les hommes les plus compétents que la réparation incombe au propriétaire, s'il n'y a convention contraire. Il en est de même pour les meules de moulins.

Par suite des difficultés qui peuvent surgir entre propriétaire et locataire, la question de savoir si telle ou telle machine, telle ou telle pièce est immeuble par destination est très-importante. Nous reviendrons sur cette question à notre chapitre xxxvii.

Maison construite sur le terrain d'autrui.

146 *bis*. — Il est bien rare qu'un locataire construise sur le terrain d'autrui, sans avoir, préalablement, fait avec le bailleur des conventions qui font la loi des parties.

A défaut de convention, et dès l'instant que l'on ne conteste pas son droit, le locataire à la fin de son bail enlève ses constructions et rend le sol dans l'état où il l'a reçu.

Les matériaux de démolition provenant de l'édifice sont meubles et garantissent, par conséquent, le rétablissement des lieux dans leur ancien état ; c'est ce que nous avons exposé à notre article 46.

Si celui qui a fait ériger la construction est propriétaire usufruitier il a à se conformer aux articles 599 et autres du Code civil. (Voyez à notre seconde partie, le chapitre xxxv et notre article 153.)

Mangeoires.

147. — Le locataire est responsable des dégâts commis aux mangeoires, notamment lorsqu'elles sont rongées par les animaux ; il doit aussi l'entretien des rouleaux, des anneaux, etc., etc.

Matériel industriel ou d'exploitation.

148. — Nous pensons que les réparations à faire au matériel industriel ou d'exploitation se trouvent suffisamment

expliquées aux articles Machines, Objets mobiliers, Moulins, Vignes, etc., etc. (Voyez aussi notre article 313.)

Meubles.

149. — (Voyez Objets mobiliers.)

Moulins à eau et sur terre.

150. — Un moulin se compose, d'une part, de la construction ; d'autre part, du matériel.

Les réparations locatives de la construction sont à la charge du locataire, dans les conditions indiquées au présent traité.

Tout ce qui est matériel et mobilier doit être rendu dans l'état où il a été reçu ; ce matériel comprend les tournants, les travaillants, les volants, les palis, les vannes, les ustensiles, le mobilier, etc., etc. Si le moulin vient à périr faute, par le locataire, de l'avoir tourné au vent ou faute d'avoir prévu un débordement possible de rivière, ce dernier est responsable de l'accident. (Voyez notre article Machines.)

Moulures, Plinthes, Baguettes.

151. — Le menu entretien des moulures, plinthes, baguettes, etc., ne comprend guère que quelques clous, çà et là, pour les maintenir en place.

Murs.

151 *bis*. — Le locataire ne doit aux murs que la réparation des dégâts qu'il y commet. (Voyez Récrépiment du bas des murailles.) Lorsqu'il accepte la charge des réparations usu-

fruitières, sa position est tout autre. Nous traiterons cette grave question à notre deuxième partie, article 224 et autres.

Objets mobiliers, Objets de luxe, Cordes à puits, Chevilles de Portemanteaux, Jalousies, Caisses à fleurs, Bancs, Accessoires.
Habitation louée avec ses meubles.

152. — L'article 1754 du Code ne signale comme susceptibles de réparations locatives que des objets dépendant de la construction ; néanmoins il est de principe que quiconque prend un objet quelconque en location est tenu d'en avoir soin et d'y faire l'entretien nécessaire à sa conservation. Si donc il dégrade l'objet loué ou s'il lui refuse les réparations d'entretien dont il a besoin, il cesse de jouir en bon père de famille et est atteint par la loi. (Voyez notre article 91.)

La responsabilité du locataire augmente au fur et à mesure que l'objet loué est plus léger, plus mobile, par ce motif que plus la chose se touche à la main, plus aussi elle peut être considérée comme objet de luxe et plus le preneur en est responsable; si, à la fin du bail, les objets loués sont en mauvais état, c'est qu'ils n'ont pas été réparés à temps.

On comprend dès lors l'utilité qu'il y a pour le locataire de recevoir en bon état les objets mobiliers qui lui sont loués, ou de se faire délivrer un inventaire constatant leurs dégradations. Quelques explications insérées au bail, indiquant les réparations dont le locataire sera tenu pour les objets mobiliers, évitent bien des contestations.

Nous ne terminerons pas cet article sans parler des appartements et résidences qui se louent garnis de leurs meubles. (Voyez articles 1757 et 1758 du Code civil.)

Lorsque l'occupation des lieux ne dure que quelques semaines ou même quelques mois, il ne peut se présenter de contestations sérieuses : un inventaire a été fait, les preuves sont faciles à établir, et celui qui quitte les lieux sait qu'il doit tenir compte des dégradations qu'il a commises.

Mais lorsque l'occupation a été de longue durée, lorsqu'en dehors des dégâts sur lesquels il ne peut y avoir de doute, certains meubles sont atteints par la vétusté, à quelles obligations les locataires et les bailleurs sont-ils tenus ?

Par les motifs que nous avons fait valoir plus haut, lorsqu'il s'agit d'objets mobiliers, le détenteur des meubles est tenu de les entretenir et de renouveler certaines choses qui s'usent, comme le ferait le possesseur des meubles s'il s'en servait lui-même, s'il laisse les choses sans les réparer convenablement, il est tenu d'une indemnité envers le propriétaire lorsqu'il quitte les lieux. Toute étoffe doit être rendue sans taches ni déchirures.

Toutefois nous admettons que pour un objet important et de valeur, qui succomberait après avoir rendu tous les services que l'on devait en attendre, le cas de grosse réparation peut surgir et le rétablissement de l'objet n'être pas mis à la charge du locataire. (Voyez notre article 146.)

Pour les habitations meublées, louées à long terme, il serait important de stipuler au bail les conditions d'entretien et de renouvellement du mobilier.

Si le preneur avait pris à sa charge les réparations usufrutières, il devrait alors se conformer à l'article 589 du Code civil. (Voyez notre chapitre XXXVI, article 297.)

Objets scellés au mur.

153. — A défaut d'état de lieux ou de preuves contraires, les objets scellés en plâtre ou à chaux et ciment sont censés avoir été attachés au fonds, à perpétuelle demeure, par le propriétaire, et sont qualifiés immeubles par destination ; ils appartiennent au bailleur, conformément aux articles 524 et 525 du Code civil, chapitre de la Distinction des biens.

Mais toutes les fois qu'il est reconnu que l'objet scellé appartient au locataire, celui-ci a le droit de le reprendre, et à cet effet il en opère le descellement, puis fait au mur toute reprise nécessaire pour lui rendre la solidité qu'il avait auparavant ; si, pour un motif quelconque, cette reprise de mur ne peut être faite, le descellement doit alors être évité par le coupement de l'objet scellé et il est alloué une indemnité au propriétaire, s'il en éprouve un préjudice.

Aucun article de la loi ne concède ces objets au propriétaire ; le principe dominant est que le locataire doit rendre la chose telle qu'il l'a reçue.

Les articles précités du Code stipulent que les tableaux, les statues et autres ornements sont censés appartenir à la propriété lorsqu'il n'y a pas d'état de lieux et que le locataire ne peut prouver qu'ils lui appartiennent. Le même principe s'applique lorsqu'il s'agit d'un locataire qui s'est engagé à laisser les constructions qu'il pourrait ériger ; il n'en peut retirer que les objets qualifiés meubles et qui n'ont pas été attachés au fonds à perpétuelle demeure. (Voyez articles 524 et 525 du Code civil.)

Ordures.

154. — (Voyez Propreté.)

Papiers de tenture.

155. — Le locataire doit une indemnité pour les dégâts dont il est l'auteur, indemnité dont le chiffre varie en raison de l'importance des dégâts, et en raison, aussi, de la durée plus ou moins longue de l'occupation des lieux. Il importe aussi de savoir si le local a été fraîchement décoré lors de l'entrée en jouissance. Le bailleur peut lever tout doute à cet égard en justifiant de ses mémoires ou factures. (Voyez art. 76, 3ᵉ parag.; *idem* notre chapitre xiv, article 8.)

Nous pensons qu'après neuf années il est juste de ne rien réclamer au locataire, à moins que la dégradation ne résulte d'une mauvaise intention.

Cette jurisprudence, le plus souvent admise par les juges de paix de Paris, se justifie par cette circonstance que le bailleur, après une longue occupation des lieux, ne peut guère se dispenser de renouveler les papiers, lors même qu'ils n'ont ni écorchures ni taches.

Remarquons en passant que l'article 1754 du Code civil qui désigne de nombreuses choses à titre d'exemple, ne dit rien des papiers de tenture qui devaient amener un si grand nombre de contestations.

A notre article 19, nous avons mis en évidence les motifs qui rendent difficile l'appréciation des réparations locatives; c'est notamment lorsqu'il s'agit de papiers de tenture, qu'il y a désaccord.

On reconnaîtra que le bailleur ne peut pas tous les trois mois renouveler les papiers, si le locataire change à chaque terme ; d'un autre côté, il y a des locataires qui dès leur entrée dans les lieux, par maladresse ou négligence, commettent des dégradations entraînant leur remplacement.

Pour arriver à la juste appréciation des faits dans cette question de papier de tenture, il faut distinguer les dégradations qui nécessitent absolument le renouvellement du papier, de celles qui ne l'exigent pas absolument. Par exemple de légères taches et écorchures dans une pièce secondaire.

Il faut faire une différence entre les dégâts résultant de l'habitation tels que, par exemple, adossement des meubles, mouvement des chaises et des matelas, frottement des allumettes chimiques.

Il faut prendre en sérieuse considération la durée plus ou moins longue de la jouissance. Ainsi, par exemple, après trois ans de l'occupation un papier convenablement résistant est déchiré, tout raccord est impossible. Le bailleur est-il fondé à exiger de son locataire le remplacement du papier sans entrer pour rien dans la dépense ?

Ou bien le locataire peut-il prétendre que le papier ayant fait un tiers de l'usage que l'on devait en attendre, il ne peut être recherché que pour les deux tiers des frais à faire ; étant bien établi que les dégâts ne résultent pas du désir de nuire ?

J'incline pour cette dernière manière de voir pour ce motif que les réparations locatives, déjà onéreuses pour celui qui les supporte, ne doivent jamais être une cause de bénéfice pour le bailleur.

Si la jouissance, par exemple, a été de six ans, si la location est peu importante, si le papier, de qualité inférieure, manque de solidité et qu'il n'y ait que quelques écorchures et taches, si enfin le remplacement du papier n'est pas absolument indispensable, il convient d'accorder au bailleur, pour la satisfaction du principe, une légère indemnité. Il faut que cela soit. Sinon l'on en arriverait bien vite à dire que cette réparation est du nombre de celles que ne doit pas le preneur.

Par une fausse interprétation du droit strict, on prétend quelquefois que, du moment qu'un papier est dégradé, il doit être remplacé aux frais du locataire, s'il ne peut se raccorder convenablement. Notre avis est que ce serait excéder les intentions de la loi puisqu'alors le bailleur réaliserait un bénéfice.

Est-il utile d'ajouter que si la tenture est dégradée par l'humidité ou par une fuite d'eau, la réparation incombe au bailleur?

Le locataire qui place un nouveau papier doit le faire passer derrière les glaces qui lui appartiennent. Il ne peut faire accepter, lors de sa sortie des lieux, une tenture qui, par son originalité, ne pourrait convenir qu'à lui seul.

Le locataire qui remplace la bordure en papier par des baguettes dorées ou autres ne peut enlever celles-ci qu'à la condition de remettre en place une bordure s'harmonisant avec le papier. (Voyez nos articles 65 et 190 *bis*.)

Papier cuir.

155 *bis*. — Le papier cuir est plutôt imprimé sur carte que sur papier. Il est généralement fabriqué d'une manière solide; un vernis vient encore le protéger.

Les règles qui régissent le papier de tenture ne peuvent pas s'appliquer à un tel produit, qui coûte très-cher et doit durer plus de neuf ans ; le locataire doit donc le rendre en bon état, sauf les dégradations qui ne seraient pas de son fait.

Paratonnerres.

155 *ter*. — Le preneur ne doit aux paratonnerres qu'un entretien de propreté dans les endroits où il accède facilement.

Parquets.

156. — Les parquets des appartements doivent être livrés en bon état d'encaustique et de frottage, le locataire les entretient et les rend dans ce même bon état.

En rendant les lieux, si les parquets sont tachés de graisse ou d'encre, si le peintre ne peut les nettoyer, le locataire doit le rabotage, l'encaustique, le frottage, et une indemnité de dépréciation pour le tort que le rabotage fait subir au parquet ; cette indemnité doit être modérée de façon à n'être pas l'occasion d'un bénéfice pour le propriétaire.

De même, lorsqu'un tapis a été cloué sur le parquet, il est dû une indemnité pour les trous de clous ; la frise d'encadrement du foyer étant en évidence, le locataire doit son changement, lorsque, criblée de trous, elle n'est plus acceptable par un autre locataire. (Voyez notre article 58.)

Toute dégradation ou brûlure qui ne peut disparaître sous un simple rabotage nécessite le changement des frises dégradées.

Les parquets pourris ou usés sont à la charge du propriétaire, qui peut être tenu de les remplacer pendant la durée du bail, si le locataire n'a fait autre chose que de s'en servir suivant la destination des lieux.

S'il existe sur le parquet des comptoirs, vitrines, ou montres et que la profession du locataire le comporte ; si le parquet est usé dans les parties non recouvertes par elles et que son rétablissement nécessite la dépose ou la repose des dits objets, c'est le bailleur qui en supporte les frais : qui veut la fin veut les moyens.

Le bois est susceptible de se retirer sous l'influence de l'air; le preneur n'est donc pas fondé à se plaindre de joints visibles dans le parquet. Mais si ces joints s'élargissent beaucoup, si la languette est en partie découverte, alors le preneur, suivant l'importance et la destination des lieux, peut être amené à refaire le parquet. C'est une conséquence de l'article 1720 du Code civil.

Pavage.

157. — L'article 1754 dit que les réparations locatives sont dues aux pavés et carreaux des chambres lorsqu'il n'y en a seulement que quelques-uns de cassés.

Ce que nous avons dit pour le carrelage s'applique au pavage des cours et autres lieux. (Voyez nos articles **16, 21, 34, 93.**)

Le locataire est responsable des dégâts qu'il commet au sol de la voie publique : trottoir, pavage, etc., etc. (1).

(1) Les frais de premier établissement du pavage ont été mis à la charge des propriétaires riverains par arrêt du conseil de 1785 et les lois de frimaire an VII et 25 juin 1841, par ce motif que le pavage de a voie publique, accroît la valeur des immeubles.

Peintures.

158. — Le locataire n'est pas responsable des peintures dé-
fraichies par le temps, mais il doit les entretenir en bon état
de propreté ; si donc elles sont malpropres lorsqu'il quitte
les lieux il doit les lessiver et faire des raccords là où la peinture est détériorée. Plus les peintures sont soignées, plus le
locataire doit en avoir soin.

Les peintures extérieures détruites par le temps, le soleil
ou la pluie, ne sont pas à la charge du locataire, cela rentre
dans le gros entretien ; la conclusion naturelle de cette règle
est que, dans une certaine mesure, le locataire peut exiger de
son propriétaire l'entretien des peintures extérieures, puisque
aux termes des articles 1719, 1720 et 1755 du Code civil, ce
dernier doit faire, pendant la durée du bail, toutes les réparations, qui peuvent devenir nécessaires, autres que les locatives. (Voyez nos articles 37 et 42 *bis*.)

158 *bis*. — Ceci nous conduit à une autre question.

Un locataire qui a un long bail, vingt-cinq ans par exemple,
aux simples conditions de la loi, peut-il, alors que ce bail a
encore quelques années à courir, exiger de son bailleur des
réparations aux peintures intérieures et aux tentures ?

A la longue, l'huile qui entre dans la composition de la
peinture s'évapore. Le papier de tenture souffre des effets
du temps : il se fane et change à tel point de couleur que si
l'on supprime un tableau, on rend visible une place qui n'est
plus de la couleur du surplus. La question est de savoir si,
dans ces conditions-là, le locataire est fondé à prétendre que
ce papier et cette peinture ne lui rendent plus les services
qu'il est en droit d'en attendre, que les dégradations signa-

lées ne sont pas de son fait, que la réparation est incontes-
tablement nécessaire dans les conditions prévues à l'article 1720 du Code civil et que le bailleur doit la faire?
(Voyez notre article 23.)

Je ne vois rien à opposer à l'article 1720, qui contient toute
une législation, et il me paraît difficile, s'il n'y a clause contraire, de faire une distinction entre un parquet usé et une
peinture usée. Cela prouve que plus le bail est à long terme
et plus il doit être prévoyant.

Perrons.

159. — Le locataire n'est guère tenu que de la réparation
des dégâts qu'il y commet; néanmoins, celui qui aurait seul
la jouissance d'un perron serait tenu de faire les réparations
minimes et partielles, dont la non-exécution serait une cause
de détérioration pour l'ensemble du perron.

Souvent les perrons sont mal fondés et se séparent de la
construction; c'est au bailleur qu'il appartient de rétablir les
choses en bon état.

Persiennes.

160. — Le locataire est responsable des dégâts qu'il y
commet; il doit en outre le menu entretien de toutes les ferrures qui composent la fermeture, loqueteau, poignée, fléau,
tirages, etc., etc.

Plafonds.

161. — Le locataire n'est responsable que des dégâts qu'il
y commet; les trous de clous ou de pitons qui sont de son

fait doivent être rebouchés, et il est dû une indemnité pour les taches que ce bouchement laisse dans la peinture unie ; le locataire peut même être tenu de refaire toute la peinture du plafond, si ces taches sont les seules causes de sa réfection entière.

Dans les plafonds décorés, les raccords sont souvent possibles ; ils doivent être faits avec une grande perfection. (Voyez Dorure, Statue, Tableaux, et notre article 198.)

Planches de cloisons.

162. — L'article 1754 a parlé des planches de cloisons comme étant susceptibles de réparations locatives ; c'est à ce titre que nous nous en occupons.

Les planches de cloisons qui se déclouent, ou sur lesquelles il se produit un léger retrait, doivent être réparées par le locataire ; ce sont là de ces petits travaux qui appartiennent au menu entretien. Nous le répétons encore une fois, le législateur n'a pas voulu que le bailleur soit dérangé à chaque instant pour peu de chose.

Plaques de propreté.

162 *bis*. Les locataires placent souvent des plaques de propreté pour préserver les peintures là où les mains touchent. S'ils les reprennent à fin de jouissance, ils doivent reboucher les trous des clous et faire tous raccords pour que la pose des plaques ne laisse pas de traces.

Poêles.

163. — Il résulte de l'article 1754 que le preneur doit le menu entretien aux âtres et contre-cœurs de cheminées ;

les poêles ont des âtres et, le plus souvent, des contre-cœurs, ils doivent être soumis aux mêmes règles que les cheminées ; si donc le locataire fait un plus grand feu qu'ils ne le comportent, et que par suite le corps du poêle ou sa colonne se trouve dégradé, il en est responsable. La porte du poêle, le chauffe-assiettes et sa porte, les bouches de chaleur, etc., doivent être entretenus par le locataire ; les cendriers et chevrettes sont des objets mobiliers qui doivent être rendus dans l'état où ils ont été livrés. Si le poêle n'a été construit que pour l'usage du bois, le preneur doit s'y conformer.

L'entretien des tuyaux de poêle, en tôle ou autrement, destinés à aller rejoindre le coffre de la cheminée, est à la charge du propriétaire toutes les fois que le poêle est de construction. (Voyez Calorifères, Fours, etc.)

Les poêles mobiles rentrent dans la catégorie des objets mobiliers.

Pompes.

164. — Tous les auteurs sont d'accord sur ce point, qu'un principal locataire est responsable du piston, du balancier, de la tringle et de la goupille ; il doit en outre graisser et amorcer la pompe lorsque c'est utile.

Si la pompe sert à plusieurs locataires, l'entretien tout entier incombe au propriétaire ; mais s'il s'agit d'un dégât, il est en droit de le faire supporter par celui qui l'a commis. (Voyez Cuvette.)

Un locataire n'a pas le droit de mettre une pompe dans le puits sans le consentement du bailleur, attendu que les scellements qu'il faut faire appartiennent au gros œuvre. A plus forte raison lorsque le puits est mitoyen.

Ponts.

165. — C'est principalement dans les propriétés industrielles ou d'agrément que des ponts peuvent se trouver compris dans une location; ils sont exposés à l'intempérie des saisons, ils se dégradent vite; le locataire est tenu du menu entretien de tout ce qui compose le pont, et des dégâts qu'il y commet dans les conditions déjà expliquées. Le propriétaire est tenu de faire le gros entretien et les grosses réparations.

Portes.

166. — Les portes sont indiquées à l'article 1754 comme susceptibles de réparations locatives.

Les anciens auteurs expliquent tous que, lorsqu'un locataire dépose la serrure de la maison et la remplace par un autre, l'entaille qui en résulte, dans le battant, motive le changement de la planche de rive, et les ouvrages de raccordement qui en sont la conséquence.

Mais aujourd'hui que les serrures et les verrous de sûreté sont de petite dimension, leur entaille n'occasionne généralement plus la rupture du battant, et l'on ne réclame alors au locataire qu'une pièce en menuiserie proprement rapportée, un raccord de peinture et une indemnité de dépréciation.

Il en est de même pour les portes coupées pour le passage des tapis. (Voyez Serrures, Clefs, Jeu aux portes.)

Quelquefois le bois se retire à tel point que la porte ne recouvre plus la feuillure et que le pêne n'entre pas suffisamment dans la gâche. Le bailleur doit alors rétablir les choses en parfait état de service.

Portes battantes.

167. — Les portes battantes couvertes en étoffes sont des objets mobiliers, et dès lors leur entretien incombe rigoureusement au locataire, qui doit les rendre sans taches ni déchirures. (Voyez Objets mobiliers.)

Si elles appartiennent au locataire, celui-ci doit les enlever à fin de jouissance et faire d'une manière entière et complète tous les raccords nécessaires pour qu'il ne reste aucune trace de leur existence.

Portes cochères.

168. — Le principal locataire doit le menu entretien à toutes les fermetures; il maintient en outre en bon état le cordon et la sonnette d'annonce. (Voyez Grilles courantes.)

Portes sous tenture pour armoires ou non.

169. — Les portes sous tenture sont assujetties aux mêmes conditions que les autres portes, et le papier qui les recouvre rentre dans les conditions du papier de tenture; le locataire doit en outre conserver et entretenir les bandes en zinc qui masquent les joints.

Porte-manteaux.

170. — Les porte-manteaux doivent être rendus dans l'état où ils ont été reçus. (Voyez Objets mobiliers.)

Pressoirs à vin et à cidre.

171. — Le pressoir est un ustensile soumis aux règles du matériel et du mobilier industriels ; le locataire doit l'entretenir et le rendre dans l'état où il l'a reçu ; il remplace au besoin les couperets, sébiles, etc., etc.

Principales locations.

172. — Dans les maisons louées en totalité, le locataire devient responsable des réparations locatives à faire dans toutes les parties communes de la maison : escaliers, couloirs, porte cochère, etc., etc., puisque ces parties-là se trouvent comprises dans la location. Nous entrons dans plus de détails aux articles 40, 60, 93 *bis*, 172 *bis*.

Lorsqu'il n'y a qu'un seul locataire, le balayage de la rue est à sa charge. (Arrêt de la Cour de cassation du 13 novembre 1834.)

Propreté.

173. — Le bailleur doit délivrer les lieux loués en bon état de propreté, par application de l'article 1720, et le locataire doit les rendre dans ce même bon état, c'est-à-dire époussetés, balayés, ordures et cendres enlevées ; cette condition est de rigueur.

Puisards.

174. — Par interprétation de l'article 1756 du Code civil, le curage des puisards est à la charge du propriétaire ; mais le locataire principal est tenu d'un certain menu entretien au pourtour de la grille par laquelle se précipitent les eaux. (Voyez notre article Fosses d'aisances.)

Puits.

175. — Aux termes de l'article 1756 du Code civil, le curement des puits est à la charge du bailleur, s'il n'y a clause contraire. Sous l'ancienne législation, et suivant Desgodets, le curement des puits était à la charge des locataires ; le Code civil en a décidé autrement. En ce qui concerne les cordes à puits et les seaux, les locataires les fournissaient et se partageaient la dépense ; à Paris, cet usage est tombé en désuétude, tout aussi bien que le sou pour livre au concierge.

Le locataire principal fait la réparation journalière et partielle de l'emplacement où s'opère l'arrivage du seau. Il ne peut établir une pompe dans le puits sans l'autorisation du bailleur, notamment lorsque le puits est en communauté avec une autre propriété.

A Paris les ordonnances de police sur les incendies exigent que les puits existants soient constamment garnis de cordes et de seaux.

Ramonages.

176. — Les ramonages sont à la charge du locataire ; l'avis unanime des auteurs, sur ce point, a été confirmé par de nombreux arrêts de la Cour de cassation. Il les doit, non-seulement parce que c'est un ouvrage de menu entretien qualifié réparation locative, mais aussi parce qu'il est tenu de jouir des lieux loués en bon père de famille ; lui seul connaît l'usage qu'il fait de ses cheminées, et lui seul peut apprécier l'utilité de ramonages plus ou moins fréquents.

Suivant un arrêt de la Cour de cassation, daté du 24 avril 1848, il y a négligence coupable, lorsqu'il est trouvé une trop grande quantité de suie dans la cheminée, alors même qu'il n'en est résulté aucun dommage.

Au contraire, on peut n'être pas atteint s'il est reconnu que, bien qu'il y ait eu feu, le ramonage avait été fait autant que la prudence le commandait. (Arrêt de la Cour de cassation, 23 juin 1865.)

Il ne suffit pas de faire ramoner à de certaines époques de l'année, il faut que cela soit fait autant que le veut la prudence. (Arrêt de la Cour de cassation, 13 octobre 1849.) C'était déjà l'avis de Desgodets, lorsqu'il expliquait l'article 171 de la Coutume de Paris.

Le ramonage est de rigueur même dans les communes où aucun règlement municipal ne le prescrit ; le Code pénal que nous citons ci-après ne fait pas d'exception. (Voyez notre article Feu de cheminée.)

Aux termes de l'article 471 du dit Code : seront punis d'une amende de un franc à cinq francs : Ceux qui auront négligé d'entretenir, réparer ou nettoyer les fours, cheminées ou usine où l'on fait du feu ; l'article 458 du dit Code pénal détermine les circonstances dans lesquelles cette amende peut s'élever jusqu'à cinq cents francs.

Sur la question du ramonage voyez les arrêts de la Cour de cassation des 6 septembre 1838 et 24 avril 1840, 13 octobre 1849, 24 avril 1848.

On a construit depuis quelques années un grand nombre de tuyaux de fumée unitaires, c'est-à-dire qu'un seul tuyau reçoit la fumée de toutes les cheminées placées les unes au-dessus des autres. Dans ce cas-là le tuyau d'un usage commun doit être ramoné sur l'ordre du propriétaire et aux frais des locataires, mais c'est par les soins de ces derniers que les branchements allant rejoindre le tuyau unitaire sont nettoyés.

Rateliers.

177. — Le locataire doit la réparation des dégâts qui y sont commis. (Voyez Mangeoires et Stalles d'écurie.)

Récrépiment, du bas des murailles des appartements et autres lieux d'habitation, dans la hauteur d'un mètre.

178. — L'article 1754 du Code civil signale le récrépiment ci-dessus énoncé comme étant une réparation locative.

Tous les auteurs qui ont écrit, avant le Code civil, sur les réparations locatives, ont enseigné que le locataire, avant de quitter les lieux, devait refaire le récrépiment du bas des murailles ; ces auteurs n'ont pas déterminé la hauteur de ce récrépiment, et le premier projet du Code civil ne la détermi-

nait pas non plus ; mais la Cour de Poitiers, consultée comme
toutes les autres Cours, fit observer qu'il était utile d'indiquer cette hauteur, et c'est alors que la hauteur d'un mètre
fut ajoutée à la rédaction première.

Il est bien certain que ce récrépiment du bas des murailles
ne vise pas seulement les dégradations faites par le locataire aux crépis et aux enduits, car ces dégâts sont à sa
charge et doivent être réparés par lui, quelle que soit la place
où ils se trouvent ; il s'agit donc des dégradations de toute
nature, même de celles qui sont du fait de l'humidité et
de la vétusté.

Nous ferons remarquer que ce paragraphe de l'article
1754, qui contient le mot *appartement,* a été emprunté à
d'anciens auteurs qui écrivirent à une époque où l'on ne pla-
çait, le plus souvent, ni plinthes ni stylobates dans les appartements et autres lieux d'habitation, de sorte que le bas
des murailles des appartements avait à souffrir constamment
des coups de balai et aussi du lavage du sol.

Depuis que le Code civil est en vigueur, lorsqu'il a fallu
choisir entre ce paragraphe de l'article 1754 et l'esprit de
l'article 1755, l'usage à Paris s'est prononcé en faveur de
l'application de ce dernier article, même pour les localités
du rez-de-chaussée, et le locataire n'est chargé que de la réparation des dégâts qu'il a commis sur les crépis et enduits
des murailles, sans aucune distinction entre les parties basses
et les parties supérieures.

Il n'en serait pas de même s'il s'agissait d'une étable, d'une
buanderie ou d'une tuerie d'animaux.

Dans beaucoup d'autres localités, au contraire, et généralement dans les propriétés rurales, le 3e paragraphe de l'article 1754 s'applique rigoureusement, et le fermier, en quit-

tant les lieux, fait toujours récrépir le bas des murailles, dans la hauteur d'un mètre, sans rechercher quelle peut être la cause de la dégradation.

Réservoirs.

179. — Le locataire n'est tenu que du menu entretien et de certaines réparations partielles ou provisoires ; lorsqu'il laisse geler l'eau que contient le réservoir, il est responsable des dégâts qui en résultent.

Rideaux en tôle pour cheminées.

179 *bis*. — Les rideaux en tôle fatiguent beaucoup ; ils doivent être de bonne qualité et livrés en parfait état, le preneur est tenu de les rendre en bon état de fonctionnement, chaînes, contre-poids, etc.

Rivières.

180. — Ce n'est guère que dans les grandes propriétés qu'une rivière peut faire partie d'une location ; le locataire doit la curer, maintenir la berge et le tout en bon état. Il ne peut rien faire de contraire à la conservation de l'empoissonnement.

Robinets.

181. — Le locataire doit les graisser et les entretenir tant qu'ils sont susceptibles d'être réparés ; il est tenu de les préserver de la gelée.

Roues hydrauliques.

181 *bis.* — (Arrêt de la Cour de cassation du 3 janvier 1877.

La Cour : — « Attendu, en droit, qu'il résulte des termes
« de l'article 1755 du Code civil, que les réparations, de
« quelque nature qu'elles soient, ne sont pas à la charge
« du preneur, lorsqu'elles sont occasionnées par la vétusté ;
« — Attendu en fait, que devant le tribunal de Bone,
« comme devant la Cour d'appel d'Alger, Ducombs sou-
« tenait que la réparation de la roue hydraulique du moulin
« affermé aux frères Dumont devait être mise à la charge
« des preneurs, 1° parce que ce n'était qu'une réparation
« d'entretien prévue par l'article 5 du bail ; 2° parce que la
« dégradation de cette roue était le résultat du défaut de
« soin et d'entretien ; — Attendu que le jugement du tribu-
« nal de Bone déclare, d'après le rapport de l'expert auquel
« il se réfère expressément, que les réparations considé-
« rables qui devaient être faites à la roue hydraulique ont
« été nécessitées par la vétusté résultant de l'usage que Du-
« combs en a fait lui-même pendant huit années avant le
« bail ; — Attendu que ce motif adopté par l'arrêt attaqué
« suffit pour répondre aux deux exceptions soulevées par
« les conclusions du demandeur, et qu'en déclarant, par
« suite, que la réparation devait être à la charge du pro-
« priétaire, la Cour d'appel d'Alger n'a fait que déduire la
« conséquence juridique des faits souverainement appré-
« ciés par elle, sans violer aucun des articles visés par le
« pourvoi, par ces motifs, rejette.

Salles de spectacle.

182. — Un arrêt de la Cour de cassation, en date du 7 novembre 1865, décide ce qui suit en ce qui concerne notamment les salles de spectacle. Le locataire en général, et spécialement celui d'une salle de spectacle, bien que son bail l'oblige à remettre la chose louée en bon état de réparations, et à supporter les dépenses d'entretien telles qu'elles sont mises par la loi, non-seulement aux frais du locataire, mais encore à la charge de l'usufruitier, n'est pas par cela seul tenu de remplacer et remettre à neuf ce qui, malgré l'entretien convenable, a été détérioré par l'usage et la vétusté, et notamment de refaire entièrement les peintures, tentures et tapisseries. Il ne pourrait y être contraint qu'autant que la détérioration résulterait de sa faute.

Scellements.

182 *bis*. — (Voyez Objets scellés au mur.)

Sculptures.

182 *ter*. — Plus l'objet est précieux et plus le preneur doit en avoir soin ; c'est une règle générale.

Serres.

183. — Le locataire doit le menu entretien de toutes les fermetures.

Les carreaux de vitres qui se fêlent sans qu'on en connaisse la cause sont à la charge du locataire ; ceux qui sont brisés par la grêle sont remplacés par le propriétaire.

9

L'appareil de chauffage rentre dans la catégorie des
âtres, poêles, fourneaux et caloriféres. Les conduites pour eau
chaude doivent être soignées et entretenues par le locataire.

Serrures.

184. — Les serrures citées à l'article 1754 sont d'un entretien essentiellement locatif ; le preneur doit les démonter
au besoin et les faire fonctionner, tant qu'elles sont répa-
rables ; lorsque les pièces principales sont usées, le propriétaire est tenu de pourvoir à leur remplacement.

Toute serrure de sûreté comporte deux clefs.

Sonnettes.

185. — A défaut d'état de lieux, et à moins de preuves
contraires, la sonnette d'annonce est présumée appartenir au
bailleur et les autres au preneur. Lorsqu'un locataire fait enlever ses sonnettes, il lui incombe l'obligation de réparer le
dégâts occasionnés par leur pose et par leur enlèvement, de
sorte qu'il a le plus souvent intérêt à les laisser, notamment
s'il peut obtenir en échange une concession quelconque, ou
les céder à celui qui lui succède.

Stalles d'écurie.

186. — Le locataire doit la réparation des dégâts provenant de son fait ; il maintient en bon état les diverses ferrures qui y sont fixées, et remplace les cordes et les chaînes
qui se dégradent.

Statues.

187. — Le locataire doit veiller à la conservation des statues, sculptures et autres objets d'art qui lui ont été confiés. Nous le répétons, plus l'objet est précieux, plus il doit veiller à sa conservation. (Voyez nos articles 131 et 152.)

Stores de boutiques et de fenêtres.

188. — A défaut d'état de lieux, et sauf preuve contraire, les stores sont censés appartenir au locataire. Lorsqu'il les enlève, il doit réparer tous les dégâts qui sont la conséquence de la pose et de l'enlèvement.

Si les stores appartiennent au propriétaire, ils sont livrés comme objets mobiliers et doivent être rendus en très-bon état de service. (Voyez Objets mobiliers.)

Tableaux.

189. — Nous ne pouvons que répéter ici ce que nous venons de dire pour les statues.

Tablettes.

189 *bis*. — A notre article 76 (Armoires), nous avons déjà parlé des tablettes. En dehors des armoires, le locataire place souvent des tablettes sur tasseaux et potences, qu'il reprend en quittant les lieux ; leur dépose ne peut s'opérer sans faire des dégâts qu'il est tenu de réparer.

Taillis.

190. — (Voyez Bois et Haies.)

Tentures en étoffe, Tapisserie, Cuir repoussé.

190 *bis*. — Les tentures en étoffe, tapisserie, cuir repoussé etc., rentrent dans la catégorie des objets mobiliers.

Les principes que nous avons exposés aux articles Objets mobiliers, Papiers de tenture, Statues, Tapis, restent ici les mêmes. Plus l'objet est fragile, plus il a de |valeur et plus le preneur doit en avoir soin.

Il est bien entendu que le locataire n'est pas responsable des changements de tons dans les couleurs, qui résultent du contact de l'air.

Tapis.

191. — Les tapis placés dans les escaliers et autres lieux sont meubles. S'il y a principale location, ils doivent être entretenus et rendus en bon état d'entretien et de conservation; lorsqu'il y a plusieurs locataires, cet entretien incombe au propriétaire.

Targettes.

192. — Les targettes ont été citées à l'article 1754; leur entretien est essentiellement locatif.

Terrasses.

192 *bis*. — Le preneur est responsable des dégâts qu'il y commet. (Voyez Clos et Couvert, et Couverture.)

Terres labourables.

193. — « Le fermier doit les rendre en bon état, s'il n'y a « au bail clause contraire, et laisser les pailles et fumiers. »

DESGODETS.

« Le fermier d'une terre doit l'entretenir d'engrais, mé-« nager ses forces et lui donner les façons en temps conve-« nable. »

TROPLONG, nº 663.

(Voyez notre article 61 *bis*.)

Théâtres.

193 *bis*. — (Voyez Salles de spectacle.)

Toits.

193 *ter*. — (Voyez Gouttières, Chéneaux, Châssis de toit; Voyez aussi le chapitre des Couvertures à la seconde partie de l'ouvrage.)

Trappes.

194. — Les trappes doivent être assimilées aux portes ; un moraillon fait supposer un cadenas.

Treillages.

195. — Le locataire doit faire aux treillages le menu entretien et les réparations partielles, c'est-à-dire qu'il est tenu de réparer les liens en fil de fer qui se dégradent, et de remplacer, çà et là, les bois qui se cassent; mais lorsque le treillage périt de vétusté, le propriétaire doit le renouveler. A défaut d'état de lieux et de preuves contraires, les treillages rentrent dans la catégorie des objets indiqués aux articles 524 et 525 du Code civil, et sont présumés appartenir au propriétaire.

Trottoirs.

196. — S'il existe un trottoir dans la partie louée, le locataire est responsable des dégradations qu'il y commet. (Voyez nos articles 85 et 93.)

Trous à fumier.

197. — Les ferrures et fermetures d'un trou à fumier périssent vite; le locataire doit les entretenir et les graisser souvent; lorsqu'elles cèdent à la vétusté, sans qu'il y ait eu manque de soins, c'est le propriétaire qui les fait remplacer.

Trous dans les murs et autres.

198. — Le locataire ne peut fixer ses rideaux, ni suspendre ses tableaux ou ses glaces, sans faire des dégradations

qui restent à sa charge, et qui se convertissent généralement en une indemnité dont l'importance varie suivant la gravité des dégâts et la durée de l'occupation.

C'est donc avec raison que plusieurs auteurs ont réfuté Troplong, qui a pensé que ces dégradations devaient être supportées par le bailleur, sans tenir compte qu'un dégât commis est un dommage causé, dont le locataire est toujours responsable.

En ce qui concerne les trous de clous dans les parquets, Voyez notre article 156. (Voyez aussi Plafonds.)

Tuyaux de descente.

199. — Le locataire n'est responsable que des dégâts qu'il y commet; il ne doit pas y jeter d'eau pendant la saison des gelées, sinon le dommage tombe à sa charge. (Voyez Engorgements.)

Tuyaux conduisant les eaux.

199 *bis*. — L'entretien des tuyaux conduisant les eaux est à la charge du bailleur. Celui-ci, en temps de gelée, peut suspendre momentanément le service des eaux; alors le locataire vide ce qui est resté dans le tuyau d'embranchement. (Voyez nos articles 179 et 181.)

Tuyaux de fumée.

199 *ter*. — Nous avons parlé aux mots Calorifères et Poêles des tuyaux en tôle qui vont du foyer au tuyau de construc-

tion; nous nous occuperons ici de ceux qui surmontent extérieurement les tuyaux de fumée.

Ces sortes de tuyaux, le plus souvent en tôle, appartiennent généralement au bailleur, qui doit les entretenir et même les remplacer lorsqu'ils périssent, tant que la cause qui les a fait placer subsiste. (Voyez notre article 126.) Rarement ils appartiennent au locataire, à moins qu'ils ne servent à un foyer industriel ou aient été imposés par le bail.

Rappelons ici que pour tout tuyau de fumée, les dégradations résultant d'un feu de cheminée sont à la charge du preneur. (Voyez nos articles 68, 119, 176.)

Usages locaux.

200. — L'article 1754 du Code civil stipule que les réparations locatives sont celles désignées comme telles par l'usage des lieux. Cette même recommandation, de se conformer aux usages locaux, se retrouve aux articles 645, 663, 671, 674, 1159, 1736, 1757, 1758, 1759, 1777.

Usure.

200 *bis*. — Se dit du dépérissement qui arrive aux choses par le long usage qu'on en fait.

Le bailleur répare les choses usées dans les conditions indiquées au présent traité.

Verrous.

200 *ter*. — Les verrous rentrent dans la catégorie des autres fermetures; leur menu entretien est essentiellement

locatif, et il faudrait qu'ils succombassent de vétusté pour que le propriétaire fût tenu de les remplacer.

Vétusté.

201. — Se dit des choses que le laps de temps a fait dépérir.

Vidange.

201 *bis*. — (Voyez Fosses d'aisances.)

Vignes.

201 *ter*. — « Les échalas et charmiers doivent rester en « même état, à la fin du bail, que quand le fermier a pris les « vignes ; il doit laisser les fossés selon la règle du pays, et « les haies en bon état, sans être détériorées, suivant l'état « qui en doit être fait au commencement du bail. »

DESGODETS.

Ce qu'écrivait cet auteur, en 1724, est encore juste aujourd'hui. Les échalas appartiennent au matériel d'exploitation ; le fermier est tenu de les entretenir pendant toute la durée de son bail, et d'en représenter autant qu'il en a reçu, sans pouvoir invoquer la vétusté ; il doit aussi tailler la vigne, la maintenir en bon état et rendre autant de pieds qu'il lui en a été livré. A défaut d'état de lieux et de preuve contraire, il est censé avoir reçu les choses dans un état convenable.

« Le fermier d'une vigne doit la façonner, la fumer, l'en-« tretenir d'échalas, la provigner. »

(POTHIER, article n° 190. — TROPLONG, article n° 663.)

Vitrerie.

202. — (Voyez Carreaux de vitres, Châssis de toit.)

Volets.

202 *bis*. — Le volet, son nom l'indique, est un objet volant, autrement dit mobile. Il se porte à la main et se conserve plus ou moins, suivant le soin que l'on prend ; rien n'appartient davantage à l'entretien locatif.

C'est par extension que l'on nomme aussi volets, les fermetures fixées en place, ou pliantes.

FIN DE LA PREMIÈRE PARTIE.

DEUXIÈME PARTIE

RÉPARATIONS USUFRUITIÈRES

GROSSES RÉPARATIONS

XXI

203. — Les articles 605 et 606 du Code civil, chapitre de l'usufruit, se rapportent spécialement à l'entretien et à la réparation des constructions, maisons ou édifices soumis à l'usufruit.

204. — L'usufruit est le droit de jouir, comme le propriétaire lui-même, dans un temps déterminé, de choses dont un autre a la propriété, mais à charge d'en conserver la substance (Articles 578 et autres du Code civil). Il peut être établi sur toute espèce de biens meubles ou immeubles. (Article 581 du Code.)

L'usufruitier doit jouir en bon père de famille; il en donne caution s'il y a lieu. (Articles 601 et suivants.)

S'il s'agit d'un corps de logis, l'usufruitier doit supporter les réparations d'entretien généralement quelconques

(article 605), sauf à lui à exercer un recours contre les locataires pour les réparations locatives.

205. — Aux termes de l'article 606 du Code civil, les
grosses réparations sont à la charge du propriétaire, à moins
qu'elles n'aient été occasionnées par le défaut de réparations
d'entretien depuis l'ouverture de l'usufruit.

Il suffit donc de bien définir les grosses réparations qui
sont à la charge du propriétaire, pour que les réparations que
doit l'usufruitier se trouvent déterminées.

Pothier a dit: « Les grosses réparations sont plutôt recon—
« structions que réparations. »

206. — L'article 600 du Code civil stipule que l'usufruitier
prend les choses dans l'état où elles sont.

Aux termes du même article, l'usufruitier ne peut entrer
en jouissance qu'après avoir fait dresser, en présence du propriétaire, ou lui dûment appelé, un inventaire des meubles
sujets à l'usufruit, et un état de lieux de l'immeuble; on remarquera que ce n'est pas seulement un droit accordé à l'u-
sufruitier, c'est une obligation qui lui est imposée, si l'usufruitier n'obéit pas à cette injonction de la loi, il en supporte
seul les conséquences, et la présomption est qu'il a reçu
toutes les choses en bon état.

207. — L'usufruitier ne peut être contraint de rendre les
choses dans un meilleur état qu'il ne les a reçues; il lui importe donc de bien constater leur état lorsqu'il entre en possession de son droit.

Les obligations de l'usufruitier, en ce qui concerne les réparations, étant bien plus étendues que celles des locataires

à loyer, l'état de lieux de l'usufruitier doit contenir non-seulement tout ce qui se met dans les états de lieux des locataires, mais en outre une description minutieuse de l'état de
la couverture, des chéneaux et autres plombs, des gouttières, etc., etc.; il en est de même des jointoiements et des
chaperons des murs, des puits, des citernes, comme aussi
du degré de plénitude des puisards et des fosses d'aisances.
(Voyez notre chapitre xvi, État de lieux.)

Les inventaires et états sont faits aux frais de l'usufruitier,
qui les dresse ou fait choix de la personne chargée de les
dresser ; le propriétaire les vérifie et y apporte toute modification utile.

L'inventaire peut, suivant les circonstances, contenir l'estimation des objets mobiliers.

208. — L'usufruit s'éteint généralement par la mort de
celui qui en profite. Il s'éteint aussi par la perte entière de la
chose sur laquelle l'usufruit est établi ; si donc il s'agit d'une
construction détruite totalement par vétusté, inondation,
tremblement de terre ou incendie, l'usufruit cesse de plein
droit, et le propriétaire rentre en possession du sol et des
matériaux. (Articles 617 et 624 du Code civil.)

Si une partie seulement de la chose soumise à l'usufruit
est détruite, l'usufruit se conserve sur le reste. (Article 623
du Code.)

L'usufruit peut aussi cesser par l'abus que l'usufruitier fait
de sa jouissance. (Article 618 du Code.)

209. — Si l'usufruitier ou le propriétaire prend sur lui de
faire seul les réparations, il ne peut exercer aucune action
en répétition contre l'autre.

210. — L'usufruitier ne peut, à la cessation de l'usufruit, réclamer aucune indemnité pour les améliorations qu'il prétendrait avoir faites, encore que la valeur de la chose en fût augmentée ; il peut cependant, lui et ses héritiers, enlever certains objets qui n'ont pas été placés par lui à perpétuelle demeure, et sont considérés comme meubles lui appartenant: tels que glaces, tableaux et autres ornements, à charge de rétablir les lieux dans leur premier état. (Voyez article 599 du Code civil.)

De cet article 599, il ne résulte pas, pour l'usufruitier, l'obligation d'abandonner sans indemnité les constructions qu'il aurait fait ériger sur le terrain soumis à l'usufruit. (Voyez notre chapitre xxv, 6e question.)

211. — L'usufruitier est tenu de toutes les réparations d'entretien généralement quelconques, c'est-à-dire de l'entretien locatif et du gros entretien ; le propriétaire ne peut exiger de lui aucune grosse réparation. (Voyez notre aricle 104, dernier paragraphe.)

212. — L'usufruitier ne peut empêcher le propriétaire d'exécuter les grosses réparations devenues urgentes, quand bien même elles gêneraient sa jouissance ; il ne peut prétendre à aucun dédommagement de la part du propriétaire pour le trouble qu'il en éprouverait.

213. — Le propriétaire qui exécute une grosse réparation est tenu de tous les ouvrages accessoires qui eussent été à la charge de l'usufruitier, si le propriétaire n'eût pas eu à intervenir ; il n'est pas assujetti au délai de quarante jours, mais il est tenu de diriger les travaux avec la plus grande célérité.

214. — Une grosse réparation cesse d'être à la charge du propriétaire toutes les fois qu'elle résulte d'un manque d'entretien de la part de l'usufruitier ; exemple : un pavage, par le défaut d'entretien, a laissé les eaux s'infiltrer dans les terres, un gros mur se trouve dégradé ou détruit par cette cause ; la reconstruction est à la charge de l'usufruitier, et il est tenu de la faire.

215. — Si l'usufruitier, en exécutant ses travaux d'entretien, remplace des plombs, du bois, des fers, etc., etc., les anciens matériaux lui appartiennent, mais il ne peut mettre en place des matériaux d'une valeur inférieure à ceux qu'il supprime. (Voyez notre article 245.)

216. — Les contributions foncières ou autres sont à la charge de l'usufruitier, conformément à l'article 609 du Code, sauf son recours contre les locataires pour les portes et fenêtres et autres charges dont ceux-ci sont ordinairement tenus.

217. — Il ne résulte pas de l'article 606 qu'il n'y ait de grosses réparations que pour les choses qui y sont désignées, car on ne donne pas en usufruit que des bâtiments. Les grosses réparations sont possibles toutes les fois qu'il y a nu propriétaire et usufruitier.

218. — Disons tout de suite qu'il est de jurisprudence généralement admise que l'usufruitier ne peut contraindre le nu propriétaire à faire les grosses réparations ; nous traiterons cette importante question au chapitre xxx.

XXII

219. — Aux termes de l'article 606, les grosses réparations sont celles,

Des gros murs,

Des voûtes,

Du rétablissement des poutres,

— des couvertures entières,

— des digues,

— des murs de soutènement,

— des murs de clôture, aussi en entier.

Toutes les autres réparations sont d'entretien.

220. — Lors de la rédaction du Code civil, l'article 606, tel qu'il fut proposé d'abord, ne parut pas suffisamment précis, le Tribunat le modifia, parce que la rédaction proposée pouvait laisser croire que « ces grosses réparations ne con-« sistent que dans la construction entière des gros murs et « des voûtes, » etc., etc.; « cependant, ajoute le rapport, il « peut être question de les réparer ou reprendre en partie, « sans les reconstruire entièrement, et ces réparations être « mises au nombre de celles qui sont à la charge du proprié-« taire, comme tendant à maintenir l'objet dans son état na-« turel ».

C'est sur cette remarque que l'article 606 fut rédigé tel qu'il est inscrit au Code civil.

221. — Les Coutumes de Paris, écrites en 1580, en leur article 262, chapitre IX, article Cl, mettaient aussi les grosses réparations à la charge du nu propriétaire, et les déterminaient par ces simples mots : « aux quatre gros murs, poutres et entières couvertures ». Nous exposerons plus loin comment ces mots-là étaient interprétés sous notre ancienne législation.

222. — Les premières Coutumes portant la date de 1510 sont encore moins explicites ; il y est dit simplement que « la viagère acquitte les charges de l'héritage, et iceux en- « tretenant des réparations viagères jusqu'à la fin d'icelle. » (Chapitre IV, article C.)

223. — Si l'usufruitier n'obtient pas du nu propriétaire les grosses réparations et qu'il se décide à les faire lui-même, après avoir fait constater leur urgence et le refus du propriétaire de les faire, on est à peu près unanime maintenant sur ce point, qu'il ne peut prétendre, lors de l'extinction de l'usufruit, qu'à la plus-value dont profite la chose, sans intérêt pour les sommes dépensées.

La première édition du Manuel de la *Société centrale des Architectes*, publié en 1863, s'exprime ainsi sur ce point :

« Toutefois, l'usufruitier a le droit de faire lui-même les « grosses réparations au refus du nu propriétaire de les « exécuter, et de réclamer de celui-ci, lors de l'extinction de « l'usufruit, le remboursement de ses dépenses, bien et dû-

« ment constatées, mais seulement jusqu'à concurrence de la
« plus-value.

Cette situation résulte de la jurisprudence qui s'oppose à
ce que le nu propriétaire puisse être contraint à faire les
grosses réparations. (Voyez notre chapitre XXX).

Il n'en serait pas de même si l'on admettait que le propriétaire peut être contraint de faire les grosses réparations,
parce qu'alors l'intervention de l'usufruitier se bornerait à
faire une avance de fonds au nu propriétaire qui aurait manqué de capitaux.

Ces grosses réparations, l'usufruitier, lorsqu'il se charge
de les faire, peut les exécuter avec une grande économie, et
leur donner même un caractère provisoire, mais alors son
droit de recours contre le propriétaire se modifie sensiblement.

Dans l'hypothèse que le propriétaire n'est pas tenu de faire
les grosses réparations, il est naturel d'admettre que s'il les
exécute néanmoins, il peut prétendre aux intérêts de la
somme dépensée, notamment lorsque ces mêmes réparations
amènent une amélioration dans le revenu.

Si, au contraire, on admet que l'usufruiter fait lui-même
les grosses réparations, et qu'il y a, par suite, amélioration,
la plus-value à laquelle il pourra prétendre, à l'extinction de
l'usufruit, ne comporte aucun intérêt, puisqu'il aura profité
des avantages.

XXIII

GROS MURS

224. — La réparation des gros murs est à la charge du propriétaire; mais qu'entend-on par gros murs?

Les jurisconsultes sont d'accord sur ce point, que tout mur en maçonnerie ou pan de bois, montant de fond, est un gros mur compris dans les grosses réparations.

Nous l'avons dit, les Coutumes de Paris, publiées en 1580, en leur article 262, stipulaient que le nu propriétaire devait les grosses réparations aux quatre gros murs, mais les auteurs qui ont expliqué ces Coutumes, ont enseigné qu'il ne s'agit pas seulement des quatre murs extérieurs, mais bien de tous les murs nécessaires pour renfermer un espace construit; ils ajoutent que tout mur de refend ou pan de bois doit être considéré comme gros mur.

Les cloisons de distribution appartiennent au gros entretien que doit l'usufruitier.

225. — L'usufruitier est tenu d'entretenir les gros murs, il doit y boucher les crevasses, refaire les plâtres, maintenir les jointements en bon état, et faire même quelques reprises en recherche, toutes les fois que par leur défaut

d'importance elles ne peuvent être qualifiées grosses réparations.

226. — Dans les pans de bois, l'usufruitier doit la réparation aux plâtres et lattis ; il doit aussi le remplacement des
bois de remplissage, lorsque ces pièces secondaires ont
seules besoin d'être renouvelées.

227. — Mais lorsque ces gros murs et les pans de bois
qualifiés gros murs, périssent de vétusté, en totalité ou en
partie, malgré l'entretien dont ils ont été l'objet, leur reconstruction tombe à la charge du propriétaire (article 606 du
Code), et il supporte, nous le répétons, tous les ouvrages accessoires, résultant de cette reconstruction ; c'est l'avis de
tous les auteurs.

228. — Les tuyaux de cheminées pratiquées dans les
gros murs appartiennent aux grosses réparations, mais on a
souvent soutenu que les tuyaux adossés faisaient partie du
gros entretien que doit l'usufruitier; nous pensons que la
partie hors comble des tuyaux adossés doit appartenir aux
grosses réparations dans les mêmes conditions que les couvertures ; mais, qu'à l'intérieur, ils doivent être assimilés
aux cloisons, parce qu'on peut les réparer, comme elles,
aisément et partiellement.

229. — Proudhon n'admet les têtes de cheminées comme
grosse réparation que lorsqu'elles ont été renversées par le
vent.
Delvincourt et Toullier, malgré l'avis de Pothier, enseignent que la plus petite réparation aux gros murs ou aux

voûtes est une grosse réparation ; ils ont été contredits par tous ceux qui ont écrit, depuis eux, sur cette question.

En ce qui concerne les grosses réparations aux murs lorsqu'ils sont mitoyens, la Cour de cassation a rendu l'arrêt suivant, le 25 juin 1877 :

La Cour : — « sur le moyen unique du pourvoi, tiré de
« la violation des articles 609 et 655 du Code civil, et de la
« fausse application de l'article 605 du même Code ; — at-
« tendu qu'aux termes de l'article 605 du Code civil, les
« grosses réparations demeurent à la charge du pro-
« priétaire, à moins qu'elles n'aient été occasionnées par le
« défaut de réparation d'entretien depuis l'ouverture de
« l'usufruit ; — attendu que l'article 606 classe parmi les
« grosses réparations celles des gros murs et des voûtes, et
« qu'il ne fait aucune distinction pour le cas où le mur sujet
« à réparations serait mitoyen avec une propriété voisine ; —
« attendu qu'il n'y a pas à distinguer non plus entre le cas
« où la réparation prévue par l'article 606 serait l'œuvre
« spontanée et volontaire du nu propriétaire et le cas où
« elle serait imposée par un voisin ayant droit de l'exiger ;
« que dans ces deux hypothèses, il s'agit toujours d'une
« grosse réparation à laquelle l'usufruitier est dispensé par la
« loi de contribuer ; — attendu qu'il est constaté par l'ar-
« rêt attaqué qu'il s'agissait au procès de la réfection d'un
« gros mur, exécutée par suite de la mitoyenneté, laquelle
« réfection avait par conséquent tous les caractères d'une
« grosse réparation ; — que, dès lors, en dispensant Noël d'y
« contribuer en sa qualité d'usufruitier, la Cour de Paris n'a
« violé aucune loi, et a fait au contraire une saine applica-
« tion des articles 605 et 606 du Code civil ; — Rejette.

XXIV

VOUTES

230. — Les voûtes appartiennent aux grosses réparations que la loi met à la charge du propriétaire, à moins que leur mauvais état n'ait pour cause un manque de soin, ou un défaut d'entretien.

Si donc l'usufruitier dépose ou laisse déposer sur une voûte une charge qu'elle ne saurait supporter; s'il y pratique des ouvertures qui nuisent à sa solidité; si le jointoiement n'a pas été entretenu et que le gros œuvre ait souffert, sa reconstruction incombe à l'usufruitier; mais toutes les fois que la voûte périt de vétusté, en totalité ou en partie, sans qu'il y ait eu abus de la part de l'usufruitier, la reconstruction ne peut être à la charge de ce dernier.

XXV

RÉTABLISSEMENT DES POUTRES.

231. — Autrefois, les planchers se composaient généralement de solives reposant sur des poutres ; les anciens auteurs
comme les nouveaux, enseignent que, pour ces sortes de
planchers, la poutre seule appartient aux grosses réparations, et que les solives en charpente, dites de remplissage,
doivent être refaites par l'usufruitier.

Depuis la fin du siècle dernier, la disposition des planchers s'est modifiée, du moins dans les grandes villes, et ils se
composent maintenant, le plus souvent, de bois assemblés
sans poutre ; les maîtresses pièces, enchevêtrures et chevêtres,
appartiennent aux grosses réparations. Les solives de remplissage restent à la charge de l'usufruitier toutes les fois
qu'il s'agit d'une réparation partielle.

Lorsque le plancher en bois est à refaire dans son ensemble
et sa totalité, il appartient en entier aux grosses réparations ;
mais si la reconstruction peut être évitée, si les pièces
principales peuvent être consolidées sans être remplacées,
si les bois de second ordre seuls sont renouvelés, la réparation est usufruitière.

232. — La poutre, c'est, ainsi que d'autres l'ont dit, le gros bois, la sablière, la poutrelle qui constitue l'édifice et sert à soutenir les objets secondaires, que doit entretenir l'usu-fruitier.

233. — Les planchers se font maintenant souvent en fer. Lorsqu'il s'agit des hourdis·en plâtre et des entretoises, la ré-paration est usufruitière ; mais, à notre avis, chaque solive en fer supportant hourdis, entretoise, etc., etc., doit être consi-dérée comme une poutre et comprise dans les grosses répa-rations, parce qu'elle n'a pas le caractère d'une pièce secon-daire ; à plus forte raison tout ce qui peut être qualifié de poutrelle ou filet.

Les mêmes principes doivent s'appliquer aux combles et aux lucarnes.

XXVI

COUVERTURES ENTIÈRES.

234. — La Coutume de Paris avait dit : Entières couvertures ; le Code civil a dit : Couvertures entières.

Déjà, sous notre ancienne législation, les auteurs les plus autorisés, Pothier, de Ferrière, Bourjon et autres, avaient enseigné qu'il ne faut pas donner au mot « entière » un sens trop absolu, et qu'on aurait tort de prétendre que le nu propriétaire ne doit intervenir que lorsque la couverture est à refaire dans sa totalité.

235. — Depuis la promulgation du Code civil, la signification du mot *entière* a été de nouveau controversée par de nombreux auteurs, et, en dernier lieu, par M. Demolombe, le savant doyen de la Faculté de droit, à Caen, dans son *Traité de la distinction des biens ;* tous ces jurisconsultes sont d'accord pour en atténuer la signification.

En effet, le nu propriétaire pourrait exiger de l'usufruitier des ouvrages que le législateur n'a pas voulu mettre à sa charge, s'il était admis que le propriétaire n'intervient que lorsque la couverture a besoin d'être refaite tout entière, c'est-à-dire dans la totalité de sa superficie, car il y a toujours quelques parties qui se trouvent abritées, et qui sont encore en bon état, alors que les autres périssent de vétusté .

236. — Il faut donc considérer, et c'est l'avis de tous les auteurs, qu'il y a grosse réparation toutes les fois qu'une partie de la couverture, relativement importante, est à refaire entièrement, malgré l'entretien dont elle a été l'objet.

237. — A notre avis, et dans les circonstances ordinaires, une partie, par exemple, en ardoises, comprise entre deux gros murs, appartient aux grosses réparations, si elle est à refaire entièrement, c'est-à-dire volige et ardoises, etc.

238. — Mais lorsque la disposition des constructions s'oppose à ce que les gros murs servent de base à l'appréciation, je considère que dans les grandes parties, et dans bien des cas, pour être une grosse réparation, il faut que la partie à refaire entièrement sur un seul point, ait au moins en surface un tiers de l'emplacement dont elle dépend.

239. — Quand le mauvais état de la couverture résulte du fléchissement des bois dans une partie notable du comble, c'est une grosse réparation; si, au contraire, la réparation n'est que partielle, si un ou deux chevrons fléchissent ou cassent, ce n'est plus alors qu'une réparation de gros entretien que doit supporter l'usufruitier.

240. — Dans les combles couverts en bonnes tuiles, le nu propriétaire s'adresse souvent à l'usufruitier pour toutes les réparations, par ce motif que la couverture n'est généralement qu'à remanier, et non à refaire entièrement. Goupil fait une distinction à laquelle nous nous rangeons volontiers; il enseigne que lorsqu'il y a remaniement à bout de la totalité, ou d'une majeure partie de la couverture en

bonnes tuiles, on doit 'considèrer que c'est une grosse réparation.

241. — Lorsqu'il s'agit de combles à recouvrir en paille
ou en chaume, nous considérons qu'on doit leur appliquer les
mêmes principes qu'aux autres couvertures ; toutefois,
quelques auteurs ont pensé, et c'est notre avis, que si le
chaume ou la paille se récoltent sur la propriété et qu'il
s'agisse d'une grosse réparation, l'usufruitier doit en faire la
fourniture au propriétaire, car la chose est sans grande
valeur pour lui, dès l'instant qu'il n'y a pas à en opérer le
transport.

242. — L'usufruitier est chargé des réparations des
plâtres, solins et gouttières pendantes ; il doit faire l'émous-
sage des tuiles, ardoises, etc., etc.

243. — Les dégradations résultant du vent et de la grêle
appartiennent au gros entretien que doit l'usufruitier, à moins
cependant que, par leur extrême importance, elles ne doivent
rentrer dans les grosses réparations.

244. — Les plombs pour les terrassons, chéneaux, noues,
arêtiers, etc., doivent être entretenus par l'usufruitier qui y
fait les redressements, soudures, pièces rapportées et rétablissement partiel ; mais lorsque le plomb, criblé de soudures
et de réparations diverses, est à changer entièrement dans
une surface relativement importante, c'est alors une grosse
réparation,

245. — L'usufruitier, dans les travaux qu'il supporte, ne peut pas prendre sur lui de remplacer des plombs épais par des plombs légers. Il doit maintenir et rendre les choses dans l'état où il les a reçues. (Voyez notre article 216.)

XXVII

RÉTABLISSEMENT DES DIGUES.

246. — Nous l'avons dit et nous le répèterons plus loin, les murs n'ont généralement pas besoin de périr dans leur ensemble et leur totalité pour appartenir aux grosses réparations.

247. — L'usufruitier doit entretenir le jointoiement des digues et faire les reprises partielles, etc.; il doit, en outre, prendre toutes les précautions nécessaires pour éviter les accidents susceptibles de nuire à leur solidité; lorsqu'elles sont renversées, sans avoir manqué d'entretien, l'usufruitier ne peut être tenu de les relever, quand bien même elles ne seraient pas tombées dans leur totalité; c'est une grosse réparation.

248. — Lorsqu'il s'agit d'une digue formée de terre, de pieux, de fascines, l'usufruitier est alors tenu d'un entretien continuel; si elle succombe et que le nu-propriétaire accuse l'usufruitier d'un manque de soins, la question doit être appréciée en raison des circonstances et par analogie avec les choses de même nature.

XXVIII

RÉTABLISSEMENT DES MURS DE SOUTÈNEMENT

249. — Les principes qui régissent les digues s'appliquent aux murs de soutènement; plus ces murs appartiennent à la grosse construction et moins l'usufruitier en est responsable.

L'usufruitier supporte le jointoiement et fait, çà et là, des reprises partielles et en recherche; il doit veiller à la conservation du mur, en éloignant toute cause de destruction.

250. — Si, malgré le soin qu'il en a, le mur de soutènement est renversé ou s'écroule, en totalité ou en partie, sur un ou plusieurs points, c'est au propriétaire qu'il appartient de le relever.

XXIX

MURS DE CLOTURE EN ENTIER.

251. — L'article 606 du Code stipule que la réparation des murs de clôture en entier, appartient aux grosses réparations.

Ce que nous avons dit, chapitre XXVI, Couvertures, sur l'interprétation qu'il convient de donner à ce mot entier, s'applique aux murs de clôture.

252. — Une partie de mur de clôture relativement importante qui s'écroule entièrement, sans qu'il y ait de la faute de l'usufruitier, est une grosse réparation ; à plus forte raison, si le mur s'écroule entièrement.

253. — Une partie de mur relativement sans importance qui s'écroule, même entièrement, n'est qu'une réparation de gros entretien que doit supporter l'usufruitier.

254. — L'usufruitier doit entretenir le jointoiement, les enduits, le chaperon, rétablir çà et là quelques pierres détachées ou dégradées, et faire les reprises partielles au fur et à mesure qu'elles deviennent nécessaires, le tout à titre de gros entretien.

255. — Plusieurs causes concourent à la destruction des murs de clôture :

1° L'imperfection de la construction, souvent faite avec de mauvais matériaux trouvés sur place;

2° L'insuffisance des fondations; .

3° L'humidité qui résulte du voisinage du sol;

4° Le défaut d'entretien du mur, et notamment du chaperon.

256. — L'insuffisance de la fondation amène des tassements inégaux; le mur prend ici du fruit, là du surplomb; le vent le renverse alors aisément; c'est une grosse réparation.

257. — L'humidité du sol détériore le bas du mur ; les réparations d'entretien doivent être faites par l'usufruitier.

258. — Si, malgré cet entretien, le bas du mur se dégrade au point de ne pouvoir soutenir la charge qui lui incombe, s'il y a écroulement, ou seulement menace de destruction dans une notable partie du mur, c'est au propriétaire qu'il appartient de réparer.

259. — Aux termes de la loi, et ainsi que nous venons de le répéter, un mur de clôture qui, par vétusté, s'écroule entièrement, est une grosse réparation que l'article 605 du Code met à la charge du propriétaire; cependant l'article 607 stipule que ni le propriétaire ni l'usufruitier ne sont tenus de rebâtir ce qui est tombé de vétusté. Il y a là une contradiction qui

n'a échappé à personne. Elle fait, en partie, l'objet de notre chapitre xxx.

Si la partie supérieure du mur est dégradée, c'est que le chaperon a manqué d'entretien; cette partie haute peut se refaire sans entraîner la reconstruction entière du mur et n'est pas une grosse réparation.

QUESTIONS

---

260. — Nous aborderons maintenant quelques questions longuement controversées sous notre ancienne législation, et qui sont encore chaque jour discutées, le Code civil ne les ayant pas résolues.

XXX

PREMIÈRE QUESTION.

L'usufruitier peut-il contraindre le nu propriétaire à faire les grosses réparations?

261. — Avant de nous occuper du droit nouveau, nous rappellerons que l'article 262 des Coutumes de Paris, tout en constatant que les grosses réparations étaient à la charge du nu propriétaire, ne disait pas qu'il était tenu de les faire. La question fut discutée, et de nombreux auteurs, s'appuyant

notamment sur le droit romain, professèrent que l'usufruitier était sans droit pour contraindre le propriétaire à faire
les grosses réparations. D'autres contestèrent cette doctrine ;
toutefois il est certain que, sous les Coutumes de Paris,
c'était un principe généralement admis que le propriétaire
ne pouvait pas être contraint de faire les grosses réparations.

262. — Depuis le Code civil, les opinions sont restées partagées ; mais on peut dire qu'aujourd'hui encore, on est à
peu près unanime pour admettre le principe de la non-obli-
gation, pour le propriétaire, de faire les grosses réparations,
et cela par les considérations suivantes :

L'article 605 du Code civil dit bien que les grosses réparations demeurent à la charge du propriétaire, mais il est muet
sur la question de savoir s'il peut être contraint de les faire,
tandis qu'il stipule que l'usufruitier sera tenu de faire les réparations d'entretien.

263. — Aux termes de l'article 600, l'usufruitier doit
prendre les choses dans l'état où elles sont, d'où l'on peut conclure qu'il ne peut exiger les grosses réparations qui, même
à ce moment-là, seraient nécessaires.

264. — L'article 607 indique bien l'intention du législateur, en stipulant que ni le propriétaire ni l'usufruitier ne
sont tenus de rebâtir ce qui est tombé de vétusté on ce qui a
été détruit par cas fortuit.

265. — Le propriétaire peut se trouver plus âgé que
l'usufruitier et fondé dès lors à croire qu'il ne jouira jamais

des fruits de sa chose. Il peut aussi ne pas posséder les res-
sources nécessaires pour payer les dépenses ; ce serait donc
le conduire à la cruelle nécessité de renoncer à sa propriété,
que d'admettre qu'il ne peut se refuser à faire les grosses réparations.

266. — Enfin, la loi n'ayant pas stipulé que le propriétaire
peut être contraint de faire ces sortes de réparations, celui-ci
semble fondé à ne les supporter que lorsqu'il croit avoir intérêt à le faire.

267. — Cette doctrine a été professée par d'éminents jurisconsultes, et récemment encore par M. Demolombe, qui, après
avoir savamment développé les deux opinions, s'exprime
ainsi : « Concluons donc », dit-il, « que le plus sûr et le meilleur
« est de s'en tenir aux textes et aux vrais principes du droit,
« d'après lesquels l'usufruitier n'a aucune action contre le
« nu propriétaire. »

268. — A l'appui de cette conclusion, l'auteur cite de nombreux arrêts et un grand nombre d'auteurs qui partagent
cette opinion.

269. — La première édition du Manuel de la *Société centrale des Architectes*, publié en 1863, exprime en ces termes
un avis conforme (p. 14) :

« Le nu propriétaire ne peut être contraint de faire aucune
« réparation, tandis qu'il peut contraindre l'usufruitier à
« faire celles que la loi met à sa charge. » La seconde édition
maintient le même principe.

270. — Sans critiquer en rien cette jurisprudence généralement admise, nous ferons remarquer que le propriétaire, qui refuse de faire les grosses réparations, voue sa chose à la ruine, et qu'il aurait mauvaise grâce à venir ensuite exiger de l'usufruitier les réparations d'entretien que la loi oblige celuici de faire.

Nous espérons donc, avec tous les auteurs qui ont traité cette question, qu'en présence d'une difficulté réelle, le propriétaire acceptera de faire les grosses réparations devenues indispensables, toutes les fois qu'il lui sera possible de le faire, et que, dans tous les cas, les deux parties, guidées par leur propre intérêt, parviendront à s'entendre sur l'exécution des travaux.

Quoi qu'il en soit, on comprendra combien il est nécessaire de préciser tout ce qui doit être considéré comme grosses réparations, puisque ce sont les seuls ouvrages que le propriétaire ne peut pas exiger de l'usufruitier.

271. — Les jurisconsultes qui ne partagent pas l'opinion plus haut exprimée, font valoir :

Qu'une chose donnée en usufruit n'en doit pas moins être conservée ; qu'il existe entre le propriétaire et l'usufruitier un intérêt commun, et qu'ils sont, l'un et l'autre, assujettis à de certaines obligations qui ont pour but d'empêcher la chose de périr.

Que le propriétaire n'étant pas tenu de rebâtir ce qui est tombé de vétusté, il n'aurait rien du tout à faire s'il ne devait pas être contraint de supporter les grosses réparations, alors que la loi ne dit nulle part que le propriétaire est dispensé de les faire ; que, de même que l'usufruitier est tenu de remplir les obligations qui résultent de sa jouissance, le propriétaire est tenu des obligations qui résultent de sa possession ;

Que l'équité, la raison, l'intérêt privé et l'intérêt public s'opposent à ce qu'une propriété périsse faute de recevoir les réparations prévues et indiquées aux articles 605 et 606 du Code civil.

Enfin, on indique, comme ressource extrême, un arrangement par suite duquel le propriétaire et l'usufruitier pourraient s'entendre pour emprunter ; le propriétaire se chargerait du principal et l'usufruitier des intérêts.

272. — M. Demolombe, après avoir rapporté les opinions contraires à la sienne, persiste dans son avis en disant :

« Quelle que soit la gravité de ces motifs, nous croyons « fermement que l'usufruitier n'a aucune action pour con- « traindre le nu propriétaire à faire les grosses répara- « tions. »

273. — La conséquence de ce principe est que l'usufruitier peut se trouver amené à faire les grosses réparations, s'il le trouve utile à ses intérêts. Dans ce cas-là, nous le répétons, il peut les faire avec toute l'économie possible et leur donner même le caractère du provisoire.

274. — En présence des motifs donnés de part et d'autre, nous nous demandons si les auteurs du Code civil, en ne se prononçant pas sur une question depuis longtemps controversée, n'ont pas voulu laisser au juge la possibilité d'apprécier chaque cause dans son espèce, sans être lié par un texte de loi. (Voyez nos articles 222 et 223.)

XXXI

DEUXIÈME QUESTION.

*A l'ouverture de l'usufruit, le nu propriétaire peut-il con-
traindre l'usufruitier à faire les réparations d'entretien dont
la cause est antérieure à son droit ?*

275. — Les auteurs qui considèrent qu'on ne peut contraindre l'usufruitier à faire les réparations dont la cause est
antérieure à sa jouissance, enseignent qu'en présence du
silence de la loi, on est sans droit pour imposer à l'usufruitier l'obligation d'améliorer la chose, de réparer des dégâts
peut-être déjà anciens, et que le propriétaire n'a pas jugé
lui-même à propos de faire ; qu'enfin il peut arriver que,
par leur importance, ces réparations absorbent plusieurs
années de revenu, et que c'est assez que d'exiger de l'usufruitier les réparations d'entretien qui se produisent à dater
de la délivrance de l'usufruit. Ils craignent d'excéder les intentions de la loi et comptent sur le bon sens et l'intérêt
commun des parties intéressées pour régler amiablement le
différend.

276. — D'autres auteurs, non moins autorisés, objectent
que l'article de la loi qui stipule que l'usufruitier doit prendre
la chose dans l'état où elle se trouve, sans pouvoir rien exiger

du nu propriétaire, a pour conséquence d'imposer toutes les réparations d'entretien à celui qui profite des fruits ; que l'usufruitier doit jouir en bon père de famille, qu'il pouvait apprécier l'importance des dégradations, et ne pas accepter l'usufruit s'il jugeait que les charges excédaient les avantages ; qu'enfin toute chose privée d'entretien est destinée à périr, que l'usufruitier ne tient son droit qu'à condition de supporter les charges qui pèsent sur la chose, et qu'il est tenu d'en conserver la substance.

277. — Proudhon a proposé une distinction suivant laquelle le nu propriétaire aurait le droit de contraindre l'usufruitier à faire, lors de son entrée en jouissance, non pas toutes les réparations généralement quelconques, mais bien celles dont la non-exécution serait une cause de détérioration sensible pour la propriété.

278. — M. Demolombe n'est pas de cet avis ; il professe que l'usufruitier ne peut être tenu de faire les réparations dont la cause est antérieure à son droit, sans se dissimuler toutefois les conséquences qui doivent résulter de la non-exécution des réparations urgentes; il espère que les circonstances porteront les parties à s'entendre amiablement.

279. — Nous n'avons rien à objecter à cette doctrine qui est l'application du droit strict; mais nous pensons que l'usufruitier reconnaîtra que, ne pouvant rien exiger du propriétaire, son intérêt est de réparer les dégradations antérieures à son droit, lorsqu'elles sont une cause de détérioration pour l'immeuble dont il a la jouissance.

280. — Bien qu'aux termes de l'article 600 du Code civil, l'usufruitier soit tenu de prendre les choses dans l'état où elles sont, la Cour de cassation a jugé, le 29 juin 1835, que la Cour de Dijon avait pu, sans violer la loi, autoriser un usufruitier qui entrait dans les lieux, à faire certaines réparations mentionnées à un devis dressé par expert, et à recouvrer les dépenses contre qui de droit, conformément aux règles de l'usufruit.

XXXII

TROISIÈME QUESTION.

Pendant la durée de l'usufruit, le nu propriétaire peut-il contraindre l'usufruitier à faire les réparations d'entretien au fur et à mesure qu'elles deviennent nécessaires ?

281. — L'article 605, qui met toutes les réparations d'entretien à la charge de l'usufruitier, serait dérisoire si l'usufruitier pouvait attendre la fin de son droit pour faire toutes les réparations dont il est chargé.

282. — Le principe de cette exécution sans délai, conforme au droit romain, était admis par notre ancienne jurisprudence, et ce qui le consacre encore, c'est que l'usufruitier profitant des revenus chaque année, doit satisfaire annuellement aux dépenses ; c'est une garantie qui doit être accordée au nu propriétaire, surtout lorsque l'usufruitier a été dispensé de donner caution. Il est d'ailleurs de règle que les réparations d'entretien sont une charge et une condition de la perception des fruits. On peut donc considérer que les réparations usufruitières sont exigibles au fur et à mesure que leur besoin se fait sentir.

283. — Un arrêt de la Cour d'Amiens jugea le contraire en faisant valoir, d'une part l'absence d'indication dans la loi, et d'autre part, que ce droit accordé au propriétaire de faire réparer les dégradations au fur et à mesure qu'elles se produisent, pourrait devenir une cause de vexations continuelles. Cet arrêt fut annulé par la Cour de cassation, le 27 juin 1825.

Cette crainte de vexations continuelles a bien son importance, et la Cour de cassation a plus tard marqué la limite du droit du propriétaire, en décidant, le 10 décembre 1828, que la Cour de Lyon avait pu, sans violer la loi, dispenser un usufruitier de l'obligation actuelle de procéder à quelques-unes des réparations d'entretien dont la cause était postérieure à son droit, par ce triple motif : « qu'elles étaient « tinérieures, que leur non-confection n'altérait pas la « substance de la propriété, et que le cautionnement déjà « fourni donnait au propriétaire ample garantie ».

XXXIII

QUATRIÈME QUESTION.

Le nu propriétaire peut-il, à l'extinction de l'usufruit, exiger l'exécution des réparations d'entretien que l'usufruitier aurait négligé de faire pendant sa jouissance?

284. — Cette question ne doit, suivant nous, faire aucun doute, dès l'instant qu'il s'agit de dégradations non indiquées à l'état de lieux et par conséquent contemporaines de la jouissance de l'usufruitier ; si nous la posons, c'est qu'elle a été controversée par plusieurs auteurs.

Nous ferons remarquer qu'à la fin de l'usufruit, si les réparations de la nature de celles dont il est ici question sont à faire, c'est que l'usufruitier, pendant sa jouissance, n'a pas entretenu les choses comme il le devait, et il ne peut dès lors se dispenser de faire tout ce qu'il faut pour les rendre dans l'état où il les a reçues. (Voyez notre article 282.)

XXXIV

CINQUIÈME QUESTION.

L'usufruitier se trouve–t–il dispensé des réparations
d'entretien, s'il renonce à son usufruit ?

285. — Cette question n'a été résolue, ni par notre droit ancien, ni par notre droit nouveau.

Je n'essaierai pas de rapporter ici l'avis de tous les juris-consultes qui ont traité la question, je me borne à dire que quelques-uns ont enseigné, d'après le droit romain, qu'il fallait distinguer les dégâts commis maladroitement ou violemment par l'usufruitier, des réparations qui ont pour cause l'usage même de la chose ou le cas fortuit ; pour ces dernières réparations, certains auteurs professent que l'usufruitier peut se trouver dispensé de les faire, s'il renonce à son usufruit.

Mais en ce qui concerne les dégâts résultant de négligence ou de maladresse, tous reconnaissent que l'usufruitier ne peut être dispensé des réparations, même en renonçant à son droit.

286. — Plusieurs auteurs ont fait une autre distinction ; ils considèrent que l'usufruitier peut être dispensé des réparations d'entretien, en renonçant à l'usufruit, s'il offre de restituer les fruits dont il a profité, soit depuis l'ouverture de son droit, soit depuis que les dégradations ont été commises. Cette doctrine n'a pas prévalu, et l'on est à peu près d'accord, maintenant, pour admettre que l'usufruitier ne peut, en aucun cas, se décharger de l'obligation de faire les réparations d'entretien qui sont contemporaines de sa jouissance. Nous ajoutons que c'est à l'ouverture de son droit que l'usufruitier doit refuser la jouissance qui lui est offerte, s'il prévoit qu'il n'en peut obtenir aucun avantage.

XXXV

SIXIÈME QUESTION.

L'usufruitier ou ses héritiers sont-ils tenus d'abandonner,
sans indemnité, lors de la cessation de leur droit, les cons-
tructions qu'ils ont fait ériger ou achever sur le terrain
soumis à l'usufruit ?

287. — Sous notre ancienne législation, et conformément
au droit romain, les constructions érigées sur le terrain soumis à l'usufruit, ainsi que les plantations faites, devaient rester au propriétaire du fonds, sans aucune indemnité pour
l'usufruitier. On considérait, qu'en prenant la détermination
d'ériger des constructions ou de faire des plantations sur un
terrain qui ne lui appartenait pas, et sans en avoir le droit,
l'usufruitier consentait à faire profiter de ses dépenses le propriétaire, lorsque celui-ci rentrerait en possession de son
bien.

Toutefois on admettait déjà que l'usufruitier ou ses héritiers étaient fondés à enlever tout ce qui n'était pas devenu
immeuble par destination, les tableaux, les glaces mobiles,
les vases, etc., etc.

288. — Notre Code ne précise pas la question, car ce qui est
dit à l'article 599, au sujet des améliorations, ne s'applique

pas à des bâtiments érigés de fond en comble, et il n'est stipulé nulle part que l'article 555, placé au chapitre de la Propriété, devra, dans les circonstances qui y sont prévues, régler les droits du nu propriétaire et de l'usufruitier.

289. — Les jurisconsultes sont d'accord sur ce point que l'usufruitier qui, sans y avoir été autorisé par le propriétaire, érige des constructions sur le terrain soumis à l'usufruit, commet une faute et une imprudence. Mais quelles doivent être les conséquences de cette faute, de cette imprudence ? C'est là la question.

290. — Le principe dominant, c'est la règle d'équité : personne ne peut s'enrichir aux dépens d'autrui ; d'un autre côté, rien dans la loi n'autorise le propriétaire à s'emparer du bien de l'usufruitier sans lui donner une compensation.

On est donc à peu près unanime, maintenant, pour admettre que l'article 555 du Code, applicable certainement à l'emphytéose, doit servir de règle entre l'usufruitier et le propriétaire ; ce dernier peut alors suivant sa volonté :

Ou faire enlever les constructions ;

Ou les conserver, en payant une indemnité.

S'il fait enlever les constructions, l'usufruitier est tenu de rétablir les choses dans l'état où elles étaient à l'origine, et le propriétaire peut prétendre à des dommages et intérêts, s'il en éprouve un préjudice.

S'il conserve les constructions, il est tenu de payer à l'usufruitier une indemnité dans les conditions indiquées à l'article 555.

291. — L'usufruitier qui construit commet une faute et

une imprudence, parce qu'il ne peut le faire sans cesser de conserver la substance, ce qui est contraire à l'art. 578 du Code.

292. — Conserver la substance, c'est maintenir la chose dans la forme, dans la destination qui lui a été donnée.

293. — Ainsi, par exemple, l'usufruitier ne peut pas bâtir là où il y a une avenue de vieux arbres, ni remplacer une vigne par un bois, ni convertir une maison d'habitation en salle de concert ou en établissement de bains.

294. — Il n'en serait cependant pas ainsi si l'usufruitier, sans qu'il y ait de sa faute, se trouvait dans l'impossibilité absolue de faire servir la chose à l'usage qui lui avait été donné : par exemple, un établissement thermal dont les eaux se trouveraient détournées ou épuisées. Un arrêt de la Cour de cassation, en date du 8 avril 1845, a été rendu dans ce sens.

295. — A plus forte raison l'usufruitier peut-il, dans de certaines circonstances, apporter quelques changements in-dispensables à la disposition des lieux, car on ne peut lui re-fuser les moyens de jouir de la chose.

296. — Un bâtiment non achevé peut se trouver dans les biens soumis à l'usufruit. Si cette construction est susceptible de donner de bons produits, l'usufruitier peut la faire ache-ver, après avoir rempli les formalités d'usage pour être en droit de réclamer, à la fin de sa jouissance, le prix des ouvrages faits et fournis, comme il est dit à l'article 555 du Code, à moins que, suivant les circonstances, l'article 599 ne puisse lui être opposé.

12.

XXXVI

RÉPARATIONS USUFRUITIÈRES ET GROSSES RÉPA-
RATIONS A FAIRE A DES CHOSES NON INDIQUÉES
A L'ARTICLE 606 DU CODE CIVIL: PUITS, FOSSSE
D'AISANCES. ÉTANGS, CHAUSSÉES, CANAUX, RÉ-
SERVOIRS, MOULINS SUR MASSE, SUR EAU, A
VENT, PRESSOIRS, HAIES, FOSSÉS, PARATON-
NERRES, MEUBLES MEUBLANTS, ETC.

297. — L'article 606 du Code civil ne cite que des ouvrages
se rapportant aux maisons, constructions et édifices, mais il
est bien certain que, pour toute chose possédée en usufruit,
de certains ouvrages peuvent rentrer dans la catégorie des
grosses réparations qui ne sont pas à la charge de l'usufruitier.

298. — Lepage, avocat, dans son *Nouveau Desgodets*, a
résumé l'opinion des auteurs qui ont écrit avant lui, en indiquant pour un certain nombre d'objets, comment il convient
de partager les réparations; nous reproduisons ci-après
l'avis de cet auteur, nous réservant de parler au chapitre
xxxvii du matériel industriel, machines, etc., etc.

299. — « Il est d'usage de mettre la réparation des puits
« et fosses d'aisances à la charge du nu propriétaire, car ces

« sortes de constructions sont de véritables gros murs ; or,
« nous avons dit que de quelque nature qu'ils fussent, en
« élévation ou enfoncés dans la terre, ils étaient des objets de
« grosse réparation (1). »

300. — « A l'égard du curage des puits et de la vidange
« des fosses, on les comprend dans l'entretien de l'usufrui-
« tier ; si un puits a besoin d'être nettoyé, s'il faut vider
« une fosse lorsque l'usufruitier entre en jouissance, il doit
« s'en charger ; il ne peut pas exiger que ces réparations
« soient faites par le propriétaire, parce qu'on prend l'usu-
« fruit dans l'état où se trouve l'immeuble ; il est vrai qu'on
« peut le rendre dans le même état, c'est pourquoi le pro-
« priétaire à la fin de l'usufruit, ne pourra demander ni
« qu'on lui fasse curer son puits, ni qu'on lui fasse vider sa
« fosse. »

301. — « Dans une terre où il y a soit des étangs, soit des
« eaux coulantes, on doit laisser à la charge du propriétaire
« les chaussées, les digues, les canaux, les bassins, les réser-
« voirs, les bondes de décharge, les grillages qui retiennent
« le poisson, lorsqu'il s'agit de leur réfection entière et qu'elle
« n'a point été causée par la faute de l'usufruitier. De là il
« suit que s'il n'y a que des brèches à boucher et autres ré-
« parations de pur entretien à faire, comme des chaussées
« ou des digues à recharger, des enduits à rétablir, des ca-
« naux, des fossés et rigoles à nettoyer, l'usufruitier doit
« supporter la dépense. Goupy ne pense pas ainsi ; il dit que

(1) Lepage aurait dû faire une distinction pour les enduits des fosses
d'aisances, recherches, etc., qui certainement appartiennent aux réparations usufruitières.

« les réparations, même partielles, de ces digues et chaus-
« sées, sont à la charge du propriétaire, comme le sont les
« réparations partielles des gros murs, voûtes et poutres ;
« mais le Code, dans son article 600, a consacré l'opinion de
« Desgodets (1) ; il ne considère les murs et les digues de
« soutènement comme sujets à grosses réparations que quand
« ils sont à faire en entier. » (Voyez chapitre XXVI.)

302. — « Un moulin à eau construit sur masse, c'est-à-
« dire sur terre ou pilotis, offre ces derniers objets de grosses
« réparations concernant ses eaux.

« A l'égard de ses bâtiments, on suit également ce qui a
« été expliqué pour la distinction des grosses réparations et
« de celles d'entretien. Du reste l'usufruitier doit entretenir
« tout ce qui est particulier à un moulin : il fait le curage
« des canaux, ruisseaux et rivières qui y conduisent l'eau ; il
« répare l'arbre, les aubes, les caisses et les sabots, les
« rouets, les roues et les lanternes, les pivots, les meules (2),
« la cerce, la trémie, la huche, et généralement les tournants,
« travaillants et ustensiles. Une grande partie de ces objets a
« été mise au nombre de ceux qui ne sont sujets qu'à répa-
« rations locatives ; par conséquent, l'usufruitier qui donne
« à bail le moulin dont il jouit, a le droit d'exiger de son

(1) Desgodets, qui écrivait quatre-vingts ans avant la promulgation
du Code civil, ne peut être invoqué ici. On est aujourd'hui d'accord sur
ce point que le mot ‹ entier », placé à la fin du 2ᵉ paragraphe de l'article 606, ne vise que les murs de clôture, et encore dans une certaine
mesure. Nous avons dit, à nos articles 252 et 253, comment ce mot
‹ entier » doit s'expliquer.
(2) Lepage aurait dû ajouter que lorsque, à la longue, une pièce principale et de valeur est usée, après avoir rendu tous les services que l'on
devait en attendre, l'usufruitier ne peut être tenu de la remplacer.
(Voyez notre article 311).

« locataine ou fermier l'entretien de ces différentes parties ;
« mais il en est lui-même responsable vis-à-vis du proprié-
« taire. »

303. — « Aux moulins à eau construits sur bateaux, le
« propriétaire ne doit faire que les grosses réparations du
« bateau et de l'édifice de charpente qui supportent et ren-
« ferment le moulin.

« Pour y reconnaître les objets de grosses réparations, on
« distingue ce qui, dans une pareille construction, représente
« les gros murs et les poutres. Ainsi les planches du pour-
« tour du moulin, avec les pièces de bois sur lesquelles elles
« sont attachées, sont les véritables gros murs ; c'est donc
« au propriétaire à les réparer quand elles manquent par
« vétusté. Mais si le dommage venait par la faute de l'usufrui-
« tier ou de son fermier, par exemple, si des planches étaient
« cassées ou fendues par les crocs des mariniers, par l'effort
« des cordages qu'on y attache, ou par le choc des bateaux qui
« passent, ou par autres accidents, l'usufruitier supporterait
« la réparation. Il est tenu, comme d'un simple entretien, de
« calfater, goudronner et spalmer le bateau : on appelle
« spalmer , mettre du suif par-dessus le goudron. »

304. — « Il doit aussi entretenir la couverture, si ce n'est
« quand elle a besoin d'être refaite entièrement ; car dans ce
« cas on sait ce qui a été dit pour la couverture des bâti-
« ments, laquelle est à la charge du propriétaire, s'il s'agit
« d'une réparation totale. » (Voyez notre chapitre XXVI.)

305. — « Quant au surplus, tel que les tournants, travail-
« lants et ustensiles, l'usufruitier en est responsable, comme
« on l'a dit plus haut, pour les moulins bâtis sur masse. »

306. — « Il en est de même des moulins à vent, dont le
« corps seul du moulin est à la charge du propriétaire ;
« c'est-à-dire, qu'on regarde comme grosses réparations
« celles des pans de bois des quatre faces, avec leurs planches
« à couteaux du pourtour, la charpente du comble, le gros
« pivot ou attache, avec ses sommiers et contre-fiches ; les
« couillards, la cloison et les supports ; enfin la flèche et la
« queue servant à tourner le moulin du côté du vent. Ces
« divers objets représentent les gros murs, les poutres, pou-
« trelles, lambourdes et sablières. On raisonne pour la cou-
« verture d'un moulin à vent comme pour celle de tout autre
« bâtiment : elle est entretenue par l'usufruitier, sauf le cas
« où il faut la refaire en entier ; car alors c'est le proprié-
« taire qui en supporte la dépense. » (Voyez notre chapitre
XXVI.) « Le surplus comme les limons et les marches de
« l'échelle, les volants, cabestans et autres tournants, travail-
« lants et ustensiles, sont des objets d'entretien que doit
« payer l'usufruitier. »

307. — « Pour les pressoirs à vin, à cidre, l'usufruitier est
« chargé d'entretenir et de faire à neuf, s'il est nécessaire,
« toute la charpente du sommier, les chevalets, jumelles,
« arbres, presses, vis treuillées, couchis, auges, moulinets,
« et généralement les mouvants, travaillants et ustensiles.
« Quant aux bâtiments qui renferment les pressoirs, on dis-
« tingue, comme on l'a fait plus haut, les grosses réparations
« et celles d'entretien ; et ces dernières sont les seules sup-
« portées par l'usufruitier. »
« C'est aussi par l'usufruitier que sont entretenus de toute
« espèce de réparations les haies et fossés servant de clôture
« aux terres, aux vignes, aux bois et aux autres héritages
« sujets à l'usufruit. »

308. — Nous ajouterons que si les haies et fossés se trouvent détruits en totalité ou en majeure partie par une inondation ou autre cas fortuit ou de force majeure, le rétablissement des haies et fossés rentre dans les conditions des grosses réparations.

308 *bis*. — L'entretien des paratonnerres est à la charge de l'usufruitier, mais s'ils étaient renversés ou détruits par la foudre, ce serait alors une grosse réparation.

309. — En ce qui concerne les meubles meublants, les droits de l'usufruitier sont indiqués à l'article du Code civil, ci-après rapporté.

ARTICLE 589.

Si l'usufruit comprend des choses qui, sans se consommer de suite, se détériorent peu à peu par l'usage, comme du linge, des meubles meublants, l'usufruitier a le droit de s'en servir pour l'usage auquel elles sont destinées, et n'est obligé de les rendre, à la fin de l'usufruit, que dans l'état où elles se trouvent, non détériorées par son dol ou sa faute.

(Voyez les articles 950 et 1567 du Code civil.)

XXXVII

RÉPARATIONS USUFRUITIÈRES ET GROSSES RÉPA-
RATIONS A FAIRE AU MATÉRIEL INDUSTRIEL, OU-
TILS, MACHINES.

CE QUI DEVIENT IMMEUBLE PAR DESTINATION.

310. — L'usufruitier doit au matériel industriel, machines
à vapeur et autres, ustensiles, outils, etc., etc., toutes les réparations d'entretien nécessaires pour les maintenir en
bon état de service. Il rend ces choses non détériorées et en
parfait état de fonctionnement.

311. — Toutefois, les grosses réparations à la charge du
propriétaire sont admises pour des pièces de longue durée,
en grosse matière, comme disent les auteurs, dont le renouvellement fait époque pendant la durée de l'usufruit, et qui
pèsent comme une charge extraordinaire. Encore faut-il que
la pièce à remplacer ait rendu tous les services que l'on devait en attendre, et que son mauvais état ne puisse pas être
attribué à la négligence de l'usufruitier.

312. — Pour les usines on a souvent à déterminer les objets qui doivent être considérés comme immeubles par destination, par application des articles 523, 524 et 525 du Code.

Ainsi, à la fin de l'usufruit, il importe souvent de déterminer les améliorations pour lesquelles l'usufruitier ne peut prétendre à aucune indemnité suivant l'article 509 du Code.

Dans ces sortes de questions, il faut distinguer si l'usine a une destination spéciale ; autrement dit si elle n'est susceptible de servir qu'à une sorte d'industrie, ou si, au contraire, elle peut convenir à toute profession industrielle.

313. — Dans le premier cas, toutes les machines, outils et ustensiles, mêmes les plus mobiles, sont immeubles par destination ; car l'usine, ne pouvant servir à un autre usage, ne fonctionnerait pas sans ces mêmes machines, outils, ustensiles. L'ensemble de l'usine est alors considéré comme une vaste machine, devenue immeuble par destination, que l'usufruitier doit entretenir, le propriétaire ne devant intervenir que pour les grosses réparations que nous venons d'indiquer. C'est l'avis des hommes les plus compétents en cette matière.

314. — Dans le second cas, et par application des articles 524 et 525 du Code civil, ne sont immeubles par destination que les machines qui ne ressemblent en rien au matériel mobile, et font partie de la construction ; ainsi, par exemple, dans les moulins à farine, les moteurs scellés, les roues, etc. sont immeubles par destination, parce que ces mêmes moulins peuvent être utilisés à moudre le grain, scier le bois, forger le fer, etc., tandis que les ustensiles, les menus objets ne le sont pas, puisqu'on ne les emploie que pour la mouture du blé, sans qu'ils puissent servir à une autre industrie ; ce genre d'usine est le plus nombreux.

XXXVIII

OUVRAGES ORDONNÉS PAR L'AUTORITÉ : TROTTOIRS, BRANCHEMENTS D'ÉGOUT, CONDUITES SOUTERRAINES, TRAVAUX D'ASSAINISSEMENT, CONSIDÉRÉS AU POINT DE VUE DE L'USUFRUIT.

315. — L'autorité prescrit parfois dans les villes des travaux d'intérêt général ou de salubrité ; par exemple : des trottoirs, des branchements d'égout ; or, on se demande si ces ouvrages sont à la charge du propriétaire, ou si c'est à l'usufruitier qu'il appartient de les faire exécuter.

316. — En ce qui concerne les ouvrages à exécuter en dehors de la propriété, il faut remarquer que ce ne sont pas des réparations d'entretien, mais bien des constructions ajoutées à celles existant déjà. Ce sont des charges imposées à la propriété pendant la durée de l'usufruit ; le nu propriétaire est obligé de les payer, et l'usufruitier peut être forcé de lui tenir compte des intérêts (article 609 du Code). Si ce dernier fait l'avance des dépenses, il a un droit de répétition contre le propriétaire à la fin de l'usufruit.

317. — Le nettoyage des trottoirs et branchements d'égoût est à la charge de l'usufruitier.

318. — Quelquefois aussi, et au nom des règlements sur la salubrité des habitations, des changements intérieurs sont exigés, soit pour faciliter l'aération de certaines localités, soit pour augmenter la massé d'air respirable.

319. — Tant que ces travaux ont rapport au gros entretien, tant qu'ils né peuvent être considérés comme de grosses réparations, notre avis est qu'ils doivent être supportés par l'usufruitier. Mais s'il faut faire brèche dans un gros mur, s'il faut couper une poutre ou créer une courcelle, alors ces ouvrages rentrent dans la condition des grosses réparations mises à la charge du propriétaire, et l'article 609 du Code doit, le plus souvent, être appliqué.

XXXIX

RÉPARATIONS EN CAS D'INCENDIE CONSIDÉRÉES AU POINT DE VUE DE L'USUFRUIT.

320. — Il est admis, par tous les auteurs, que l'usufruitier ne peut être responsable de l'incendie que dans le seul cas où le propriétaire peut prouver que le feu n'a eu lieu que par la faute ou la négligence de l'usufruitier ou des gens à son service.

Faute de pouvoir faire cette preuve, c'est le nu propriétaire qui exerce directement son recours contre les locataires, conformément aux articles 1733 et 1734 du Code.

Si l'usufruitier habite les lieux, il est responsable dans les mêmes conditions que les autres locataires.

XL

CAS DE GUERRE.

321. — S'il y a cas de guerre et qu'il y ait perte totale de la chose sur laquelle l'usufruit est établi, les parties se trouvent sous l'application des articles 607, 617 et 624 du Code, qui sont très-précis.

Si la grosse construction n'est pas dégradée et qu'il s'agisse, par exemple, de quelques vitres brisées ou de portes détériorées, mon avis est que la dépense doit incomber à l'usufruitier parce que ce ne sont pas là de grosses réparations.

Mais il peut se faire que la grosse construction soit endommagée et qu'il y ait un intérêt réel à la rétablir, les difficultés prévues à notre chapitre xxx surgissent alors, et pour leur solution nous ne pouvons que renvoyer à notre article 270.

www.ingramcontent.com/pod-product-compliance
Lightning Source LLC
Chambersburg PA
CBHW060601210326
41519CB00014B/3538